高等教育规划教材

Web 程序开发案例教程

董祥和 编著

机械工业出版社
CHINA MACHINE PRESS

本书以案例为驱动,侧重实践教学，主要讲解了Web程序开发中的关键技术以及常见问题的解决方法。全书分为10章，第1章为Web程序开发概述；第2~6章主要讲解HTML5、CSS3、JavaScript等前端技术常用相关知识，要求学生能运用相关知识动手实践完成网页布局并实现与用户的基本交互功能；第7~9章主要讲解JSP语法及内置对象、文件操作、数据库操作等相关知识，要求学生能动手设计动态网页和实现网站常用模块；第10章是综合案例，要求学生能设计实现信息发布系统。每章都会根据学生在实际开发中遇到的疑难问题给予相应的指导。通过本书的学习训练，能够夯实学生的理论基础，提高学生的动手编程能力和网站设计水平。

本书适合作为应用型本科院校和高等职业技术院校计算机、电子商务等相关专业学生学习Web程序开发课程的教材，也可作为Web程序开发人员的参考用书。

图书在版编目（CIP）数据

Web程序开发案例教程/董祥和编著．—北京：机械工业出版社，2018.9
ISBN 978-7-111-60749-6

Ⅰ．①W…　Ⅱ．①董…　Ⅲ．①网页制作工具-程序设计-高等学校-教材　Ⅳ．①TP393.092

中国版本图书馆CIP数据核字（2018）第195540号

机械工业出版社（北京市百万庄大街22号　邮政编码100037）
策划编辑：丁　伦　责任编辑：丁　伦
责任校对：刘晓红　责任印制：常天培
北京圣夫亚美印刷有限公司印刷
2018年10月第1版第1次印刷
185mm×260mm·11.5印张·281千字
0001—3000册
标准书号：ISBN 978-7-111-60749-6
定价：39.90元

凡购本书，如有缺页、倒页、脱页，由本社发行部调换

电话服务　　　　　　　　　　网络服务
服务咨询热线：010-88379833　　机工官网：www.cmpbook.com
读者购书热线：010-88379649　　机工官博：weibo.com/cmp1952
　　　　　　　　　　　　　　教育服务网：www.cmpedu.com
封面无防伪标均为盗版　　　　金书网：www.golden-book.com

前　言

云计算、大数据、物联网等技术是目前IT行业发展的热点，这些技术大多将网站作为其应用接入方式。利用最新前端开发技术设计的响应式网站，可以根据设备的尺寸大小自动改变页面的布局，是集计算机、手机、平板电脑于一身的移动化网站。它不仅用于企业级站点，也用来做微站点、微商城等，还可以接入到微信、微博等应用程序。Java主要作为服务器端开发的语言，具有完美的开发平台，且有易适应和动态更新的能力。

本书侧重实践教学，结合实际案例，主要介绍了HTML5、CSS3、JavaScript等前端技术和JSP服务器端知识。全书贯穿“案例驱动”的思想，围绕Web程序开发时常用的技术进行组织安排，将讲解的理论应用到案例实现中。通过本书的学习，学生可以学会如何利用前端知识进行网页布局，学会如何利用Java技术实现用户和服务器之间信息的基本交互。

本书第1章为Web程序开发概述，分析Web程序开发常用技术；第2章介绍HTML5常用标签和相关案例；第3章介绍网页布局基础；第4章介绍CSS3属性和相关案例；第5章介绍JavaScript语法和相关案例；第6章介绍DOM模型和相关案例；第7章介绍JSP语法及内置对象和相关案例；第8章介绍JSP文件操作和相关案例；第9章介绍JSP数据库操作和相关案例；第10章综合前面章节内容设计了一个完整的信息发布系统。

本书可以作为应用型本科院校和高等职业技术院校计算机、电子商务等相关专业学生学习Web程序开发课程的教材，也可作为Web应用开发人员的参考用书。

感谢读者选择使用本书，由于作者水平有限，时间仓促，书中难免有疏漏和不当之处，敬请广大读者提出意见和建议，作者将不胜感激。

作　者

目 录

第1章

概　　述

Web 应用程序主要是指执行浏览器端和服务器端网页技术的程序，用于构成为用户提供信息、让用户完成某些特定任务的网站。

1.1　Web 程序开发技术

Web 应用程序开发包含前端开发、服务器端开发等技术。

Web 前端包含 HTML5、CSS3、JavaScript、Ajax 等核心技术，以及在此基础上衍生的响应式布局框架 Bootstrap、JavaScript 库 jQuery、开源的 JavaScript 框架 Vue. js 等技术。

在 HTML4 基础上，HTML5 新增了用于绘画的 canvas 元素、用于播放视频音频的 video 和 audio 元素、新的表单控件（calendar、date、time、email、url、search）等特性。在 CSS 基础上，CSS3 新增了 2D 和 3D 转换功能、动画属性、弹性盒子布局等特性。Bootstrap 基于 HTML5 和 CSS3 开发，设计了丰富的 Web 组件方便用户使用，包括下拉菜单、导航栏、警告对话框、进度条等。jQuery 是一个轻量级的 JavaScript 函数库，它封装了 JavaScript 常用的功能代码，提供了一种简便的 JavaScript 设计模式，优化了 HTML 文档操作、事件处理、动画设计和 Ajax 交互。Vue. js 是一套构建用户界面的渐进式框架，它只关注视图层，通过尽可能简单的 API 实现响应的数据绑定和组合的视图组件。

Web 服务器端技术主要用于实现获取数据、处理数据、存储数据、响应等功能，包含 JSP、Spring MVC + Spring + Hibernate 框架、缓存应用等相关技术。

Web 应用程序在台式计算机或笔记本式计算机上显示的网站网页效果如图 1-1 所示。

图 1-1　商城计算机端主页

通过前端技术可以设计响应式 Web 应用，即指 Web 页面的设计与开发根据设备环境（屏幕尺寸、屏幕定向、系统平台等）以及用户行为（改变窗口大小等）进行相应的响应和调整，这样开发的网站既可以适应在计算机端浏览器上访问，也可以适应在手机、平板电脑等移动端浏览器上访问。手机上网页效果如图 1-2 所示。

图 1-2　移动端企业产品页

1.2　Web App 的定义

App 是指运行在移动终端设备的第三方应用程序。在智能手机系统中有两种应用程序：一种是基于本地操作系统运行的 App；另一种是基于高端机的浏览器运行的 Web App。

Web App 是指主要在移动端浏览器上访问的网站。它是针对 Android、iPhone 优化后的 Web 站点，仍然是使用 Web 开发技术完成 Web App 的开发，即使用的技术还是 HTML5、CSS3、JavaScript 等前端技术和 Java、PHP 等服务器端技术。

Web App 和一般的 Web 应用程序一样，维护升级不需要通知用户，在服务器端更新文件即可，用户完全察觉不出来。Android、iPhone 手机内置浏览器都是基于 WebKit 内核的，所以在开发 Web App 时，多数都是使用 HTML5 和 CSS3 技术做用户界面布局，比如京东 Web App 搜索页效果如图 1-3 所示。

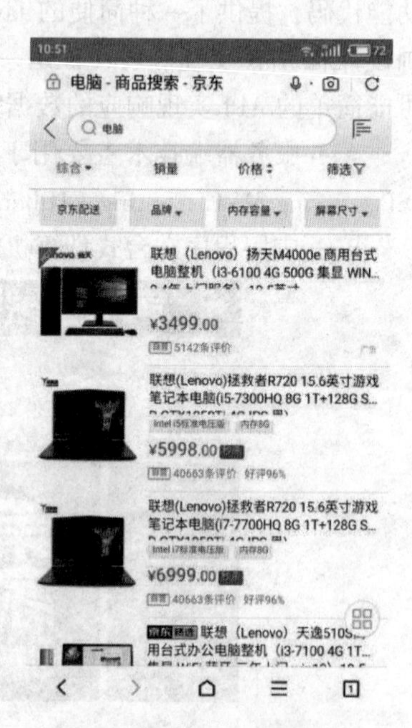

图 1-3　京东 Web App 搜索页

相比于 Web App，Native App 是一种基于智能手机本地操作系统（如 iOS、Android）并使用原生程序编写运行的第三方应用程序，也叫本地 App，使用的开发语言多为 Java、Objective-C 等。

Native App 支持在线或离线、消息推送或本地资源访问、摄像拨号功能的调取。由于设备碎片化，Native App 的开发成本高，维持多个版本的更新升级比较麻烦。

Hybrid App（混合模式移动应用）是指介于 Web-App、Native-App 这两者之间的 App，兼具“Native App 良好用户交互体验的优势”和“Web App 跨平台开发的优势”。

1.3 JSP 技术

JSP、PHP、ASP. NET 等是运行在服务器端的语言，本书主要探讨 JSP。JSP（Java Server Pages）是一种使软件开发者可以响应客户端请求，而动态生成 HTML、XML 或其他格式文档的 Web 页面的技术标准。JSP 技术以 Java 语言作为脚本语言，可以与处理业务逻辑的 Servlet 一起使用，是 Java EE 的一部分。

1.3.1 JSP 运行环境搭建

首先需要下载安装 Java SDK，然后设置 path 环境变量指明包含 javac 和 java 等命令所在的文件夹路径，以及设置 java_home 环境变量指明所安装的 Java SDK 所在路径。

Web 服务器 Tomcat 是一个开源软件，可作为独立的服务器运行 JSP 和 Servlet，也可以集成在 Apache Web Server 中。下载并解压 Tomcat 压缩文件，其中目录 bin 放置二进制执行文件，里面最常用的文件是 startup. bat，如果是 Linux 或 Mac 系统则启动文件为 startup. sh；目录 conf 里面最核心的文件是 server. xml，可以配置应用程序目录和修改端口号等；lib 存放库文件，连接 MySQL 或 SQL Server 数据库时的驱动程序包放在此处；webapps 下可以直接存放 web 应用程序，在浏览器中可以直接访问；work 目录下编译以后的 class 文件。

执行 bin 文件夹中的 startup. bat 可以启动 Tomcat 服务器，Tomcat 服务器使用 java_home 环境变量指定的 Java SDK。

1.3.2 网页运行原理

JSP 动态网页文件的扩展名为 . jsp，运行在服务器端。动态网页重要的特征之一是交互性，可以根据用户的选择执行不同的代码、显示不同的内容。

JSP 本质上就是把 Java 代码嵌入到 HTML 中，然后经过 JSP 容器编译执行，再根据这些动态代码的运行结果生成对应的 HTML 代码，从而可以在客户端的浏览器中正常显示。如果 JSP 页面是第一次被请求运行，则服务器的 JSP 编译器会生成 JSP 页面对应的 Java 代码，并且编译成类文件。当服务器再次收到 JSP 页面请求的时候，会判断该 JSP 页面是否被修改过，如果被修改过就会重新生成 Java 代码并且重新编译，而且服务器中的垃圾回收方法会把没用的类文件删除；如果没有修改过，服务器就会直接调用以前已经编译过的类文件。

JSP 页面在服务器中都会被编译成对应的 Servlet，JSP 程序无须改动就可以方便地迁移到其他操作系统平台，拥有 Java 跨平台的优势。Java 代码可以使用 JavaBean 封装，实现逻辑功能代码的重用，从而提高系统的可重用性和程序的开发效率。

一个简单的 JSP 页面 1. jsp 代码如下。

```
<%@ page contentType="text/html;charset=UTF-8" %>
<!DOCTYPE html>
<html>
<head>
<meta charset="utf-8">
<title>脚本识别</title>
<script language=javascript>
   alert("客户端 javascript 脚本!");
</script>
</head>
<body>
<p>这是一个简单的 JSP 页面
<%
  int i, sum=0;
  for(i=1;i<=100;i++)
  {
      sum=sum+i;
  }
%>
<p>1 到 100 的连续和是：<%=sum %>
</body>
</html>
```

执行结果如图 1-4 所示。

从上面代码可见，一个 JSP 页面除了普通的 HTMl 标记符外，再使用标记符号"<%"和"%>"加入 Java 程序片。用 <script language=javascript>... </script>标记括起来的内容是 JavaScript 程序代码，称为客户端脚本。<%...%>包含的 Java 代码由服务器计算处理，由服务器处理解释的脚本称为服务器端脚本。通过单击查看浏览器菜单的源文件选项，可以看到浏览器收到的由服务器处理完后发送过来的 HTML 文件，不包含 Java 程序代码。

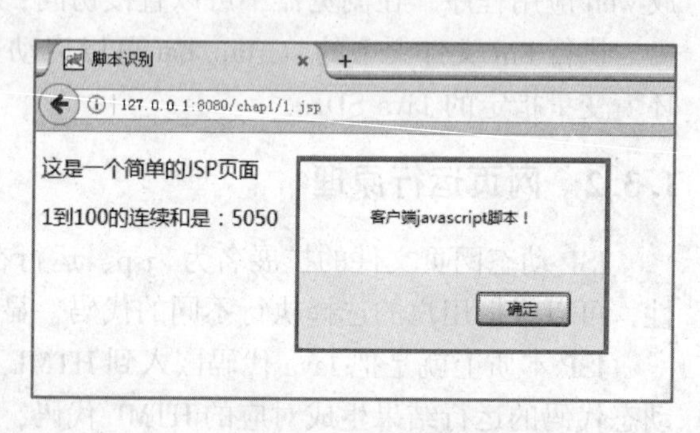

图 1-4　JSP 页面测试

1.4　网页运行测试案例

案例的目的是让学生掌握服务器的配置和简单网页文件的编写。

1.4.1　案例——识别客户端和服务器端

编写网页 testDate. jsp，测试服务器时间和浏览器时间，效果要求如图 1-5 所示。

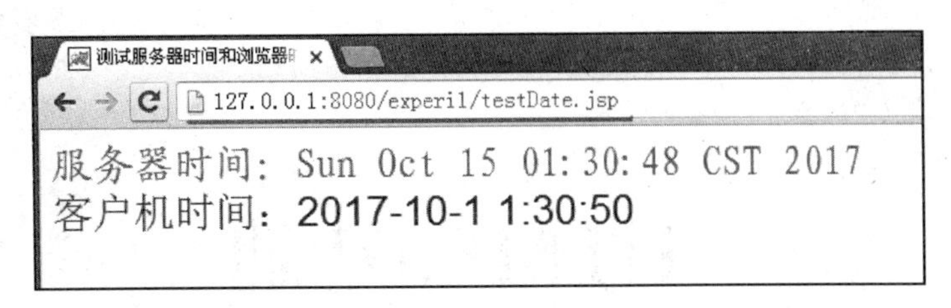

图 1-5 时间获取对比

1.4.2 案例——设置 Web 服务目录

在 C 盘下创建一个名字为 shop 的目录，并将该目录设置为一个 Web 应用程序目录，然后编写一个简单的 JSP 页面，保存到该目录中，让用户使用虚拟目录 company 访问该 JSP 页面。

1.5 网页运行测试案例分析

配置服务器时需要分析 server. xml 文件和设置 Web 服务目录。访问 Web 服务目录方法如下。

Tomcat 的根目录是指 webapps 下的 root，可以在 root 下直接放置网页，如 testDate. jsp。在访问该网页时，可以在浏览器网址中输入 Tomcat 服务器的 IP 地址（或域名）、端口号和 JSP 网页名字。调试网址为

```
http://127.0.0.1:8080/testDate.jsp
```

可以在 root 下创建目录 company，将 testDate. jsp 放在 company 下。此时访问网址为

```
http://127.0.0.1:8080/company/testDate.jsp
```

可以将 Tomcat 服务器所在计算机的某个目录设置成一个 Web 服务目录，并为该 Web 服务目录指定虚拟目录，需要修改 Tomcat 服务器安装目录下 conf 文件夹中的 server. xml 文件来设置新的 Web 服务目录。假如要将 C:\ shop 作为 Web 服务目录，并让用户使用 company 虚拟目录访问 C:\ shop 下的 JSP 页面，在 server. xml 文件的 </Host> 前面加入如下语句：

```
<Context path="/company" docBase="C:\shop" debug="0" reloadable="
true"/>
```

配置文件 server. xml 修改后，必须重新启动 Tomcat 服务器。重启后就可以访问 C:\ shop 下的 JSP 页面，在浏览器地址栏访问：

```
http://127.0.0.1:8080/company/testDate.jsp
```

第2章

HTML5基础

HTML5 是 HTML 最新的修订版本，其设计目的是为了在移动设备上支持多媒体。<!DOCTYPE>声明必须位于 HTML5 文档中的第一行，即<! DOCTYPE html>。中文网页需要使用<meta charset = " utf-8" >声明编码，否则会出现乱码。有些 HTML4.01 的标签，如<center><font><strike>等已经被一些 CSS 属性替代，而<applet><frame>等均被 HTML5 新标签和 JavaScript 代码替代。

2.1 HTML5 图形绘制

HTML5 中的<canvas>标签结合 JavaScript 可以完成图形的绘制。<canvas>标签是图形容器，使用脚本来绘制路径、盒子、圆、字符等图形。

一个画布在网页中是一个矩形框，通过<canvas>标签来绘制。<canvas>标签默认没有边框和内容，需要使用 style 属性来添加边框。<canvas>标签通常需要指定一个 id 属性(脚本中需要引用)，width 和 height 属性定义画布的大小。可以在 HTML 页面中使用多个<canvas>标签。示例代码如下：

```
<! DOCTYPE html>
<html>
<head>
<meta charset = "utf-8">
<title>canvas 标签</title>
<style>
body{margin:0;padding:0}
canvas{margin:10px;padding:0px}
</style>
</head>
<body>
<canvas id = "myCanvas" width = "200" height = "200" style = "border:1px
solid #900;"></canvas>
</body>
</html>
```

运行效果如图 2-1 所示。

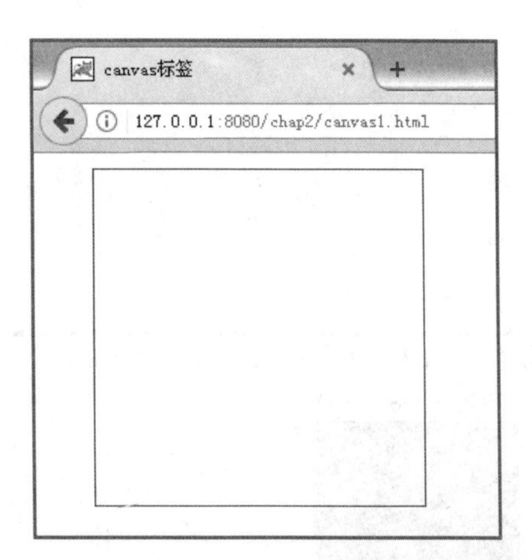

图 2-1 <canvas>标签使用效果

JavaScript 在画布上的绘图需要首先创建画布，然后创建 context 对象，最后调用相关属性和方法完成绘图。示例代码如下：

```
<!DOCTYPE html>
<html>
<head>
<meta charset="utf-8">
<title>JavaScript 结合 canvas</title>
</head>
<body>
<canvas id="myCanvas" width="200" height="200" style="border:1px solid #900;">
</canvas>
<script>
var c=document.getElementById("myCanvas");
//找到<canvas>元素

var ctx=c.getContext("2d");
//创建 context 对象
//getContext("2d")是内建的 HTML5 对象,拥有多种绘制路径、矩形、圆形、字符以及添加图像的方法

ctx.fillStyle="#FF0000";
//设置 fillStyle 属性可以是 CSS 颜色、渐变或图案
//fillStyle 默认设置是#000000(黑色)

ctx.fillRect(0,0,150,75);
//fillRect(x,y,width,height)方法定义了矩形当前的填充方式
```

```
</script>
</body>
</html>
```

运行效果如图 2-2 所示。

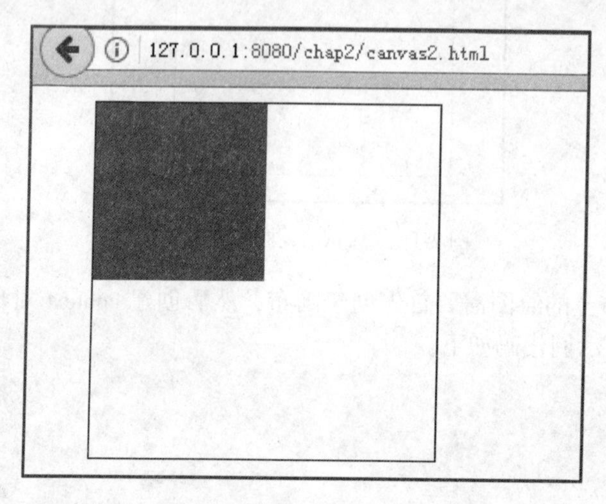

图 2-2　JavaScript 结合 <canvas> 标签

canvas 是一个二维网格，左上角坐标为（0，0）。fillRect（0，0，150，100）是指在画布上绘制 150 像素×100 像素的矩形，从左上角开始（0，0）。画布上的 X 和 Y 坐标用于在画布上对绘画进行定位，鼠标移动的矩形框上，显示定位坐标。

在 canvas 上绘制路径，需要利用 moveTo（x，y）和 lineTo（x，y）分别定义路径开始坐标和结束坐标，利用 stroke( )方法绘制出通过 moveTo（x，y）和 lineTo（x，y）方法定义的路径，默认颜色是黑色，可以使用 strokeStyle 属性设置或返回用于笔触的颜色、渐变或模式。示例代码如下：

```
<!DOCTYPE html>
<html>
<head>
<meta charset="utf-8">
<title>路径</title>
</head>
<body>
<canvas id="myCanvas" width="200" height="200" style="border:1px
solid #d3d3d3;"></canvas>
<script>
var c=document.getElementById("myCanvas");
var ctx=c.getContext("2d");
ctx.moveTo(0,0);
```

```
ctx.lineTo(200,200);
ctx.strokeStyle = "#900";
ctx.stroke();
</script>
</body>
</html>
```

运行效果如图2-3所示。

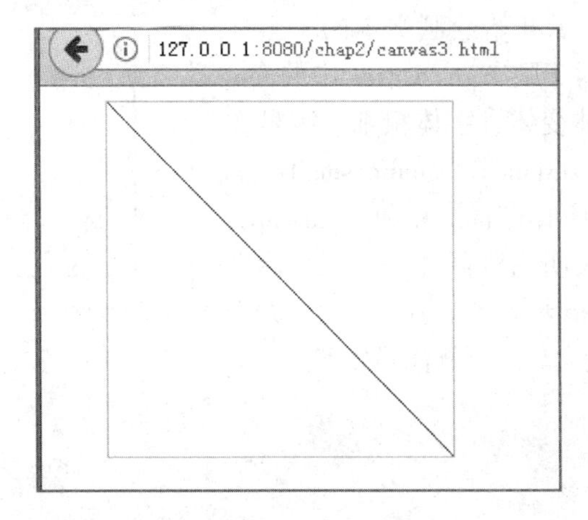

图2-3　在canvas上绘制路径

在canvas上绘制圆形使用方法arc(x,y,r,start,stop)，其中x是指圆心在x轴上的坐标，y是指圆心在y轴上的坐标，r是指半径长度，start是指起始角度（圆心平行的右端为0度），stop是指结束角度，Math.PI表示180°，画圆的方向是顺时针。示例代码如下：

```
<!DOCTYPE html>
<html>
<head>
<meta charset = "utf-8">
<title>arc</title>
</head>
<body>
<canvas id = "myCanvas" width = "200" height = "200" style = "border:1px
solid #900;"></canvas>
<script>
var c = document.getElementById("myCanvas");
var ctx = c.getContext("2d");
ctx.beginPath();
//beginPath()方法表示开始一条路径,或重置当前的路径。
ctx.arc(100,100,100,0,2* Math.PI);
ctx.stroke();
```

```
</script>
</body>
</html>
```

运行效果如图 2-4 所示。

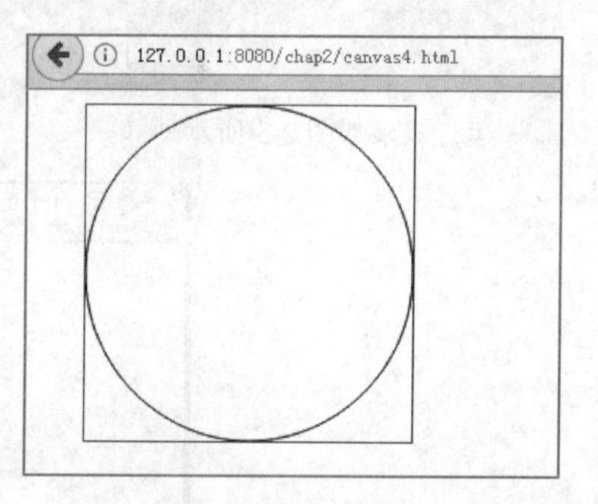

图 2-4　在 canvas 上绘制圆形

使用 fillText(text,x,y)方法可以在 canvas 上绘制实心文本，使用 strokeText(text,x,y)方法可以在 canvas 上绘制空心文本，其中 text 是指在画布上输出的文本，x 和 y 分别表示开始绘制文本的 x 坐标位置和 y 坐标位置（相对于画布）。canvas 中的 font 属性规定字体样式、字体变体、字体粗细、字号像素、字体系列，如 context.font = " italic small-caps bold 20px arial"。字体变体值有 normal 和 small-caps，其中 normal 是默认值，表明浏览器会显示一个标准的字体，而 small-caps 是指英文字母小型大写，大小跟小写字母一样，样式是大写。示例代码如下：

```
<! DOCTYPE html>
<html>
<head>
<meta charset="utf-8">
<title>绘制文本</title>
</head>
<body>
<canvas id="myCanvas" width="400" height="300" style="border:1px solid #000000;"></canvas>
<script>
var c=document.getElementById("myCanvas");
var context=c.getContext("2d");
context.fillText('Web 前端',100,40);
//绘制文本

context.font='20px Arial';
context.fontStyle='italic';
//修改字体
context.fillText('Web 移动端',100,100);

context.font='36px 隶书';
context.strokeStyle="#900"
context.strokeText('Web 服务器端',100,200);
```

```
//绘制空心的文本
</script>
</body>
</html>
```

运行效果如图 2-5 所示。

canvas 中渐变可以填充矩形、圆形、线条、文本等，也可以自己定义不同的颜色，有两种不同的方式来设置 canvas 渐变。

1）context. createLinearGradient(x0,y0,x1,y1)方法创建线性的渐变对象，其中 x0 和 y0 表示渐变开始点的 x 坐标和 y 坐标，x1 和 y1 表示渐变结束点的 x 坐标和 y 坐标。当使用渐变对象时，必须使用两种或两种以上的停止颜色，gradient. addColorStop(stop,color)方法规定渐变对象中的位置和颜色，参数 stop 介于 0. 0 与 1. 0 之间，表示渐变中开始与结束之间的位置，color 指在 stop 位置显示的 CSS 颜色值。addColorStop( )方法与 createLinearGradient( )或 createRadialGradient( )一起使用，可以多次调用 addColorStop( )方法来改变渐变。如果不对渐变对象使用该方法，那么渐变将不可见。

图 2-5　在 canvas 上绘制文本

fillStyle 属性设置或返回用于填充绘画的颜色、渐变或模式，格式为 context. fillStyle = color|gradient|pattern，其中 color 指填充绘图的颜色值，gradient 指填充绘图的渐变对象，pattern 指填充绘图的 pattern 对象。

context. fillRect(x,y,width,height)方法绘制已填充的矩形，默认的填充颜色是黑色，使用 fillStyle 属性设置填充绘图的颜色、渐变或模式，其中 x 和 y 表示矩形左上角的 x 坐标和 y 坐标，width 和 height 表示矩形的宽度和高度（均以像素为单位）。示例代码如下：

```
<!DOCTYPE html>
<html>
<head>
<meta charset="utf-8">
<title>createLinearGradient</title>
</head>
<body>
<canvas id="myCanvas" width="300" height="300" style="border:1px solid #d3d3d3;">
</canvas>
<script>
var c=document.getElementById("myCanvas");
var ctx=c.getContext("2d");
```

```
var grd = ctx.createLinearGradient(0,0,280,0);

grd.addColorStop(0,"black");
grd.addColorStop("0.3","magenta");
grd.addColorStop("0.5","blue");
grd.addColorStop("0.6","green");
grd.addColorStop("0.8","yellow");
grd.addColorStop(1,"red");

ctx.fillStyle = grd;
ctx.fillRect(20,20,260,260);
</script>
</body>
</html>
```

运行效果如图 2-6 所示。

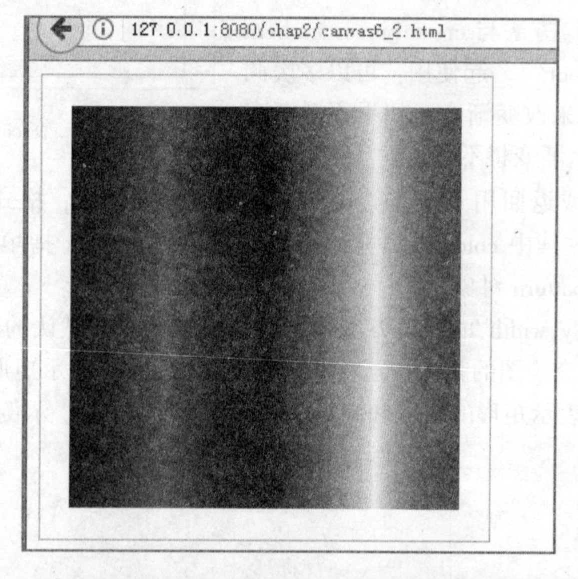

图 2-6　在 canvas 上创建线性渐变

2）context.createRadialGradient（x0，y0，r0，x1，y1，r1）方法创建放射状或圆形渐变对象，其中 x0 和 y0 表示渐变的开始圆的 x 坐标和 y 坐标，r0 表示开始圆的半径，x1 和 y1 表示渐变的结束圆的 x 坐标和 y 坐标，r1 表示结束圆的半径。示例代码如下：

```
<! DOCTYPE html>
<html>
<head>
<meta charset = "utf-8">
<title>createRadialGradient</title>
```

```
</head>
<body>
<canvas id="myCanvas" width="300" height="300" style="border:1px solid #d3d3d3;"></canvas>
<script>
var c=document.getElementById("myCanvas");
var ctx=c.getContext("2d");
var grd=ctx.createRadialGradient(150,150,10,150,150,100);
grd.addColorStop(0,"red");
grd.addColorStop(1,"white");
ctx.fillStyle=grd;
ctx.fillRect(50,50,200,200);
</script>
</body>
</html>
```

运行效果如图2-7所示。

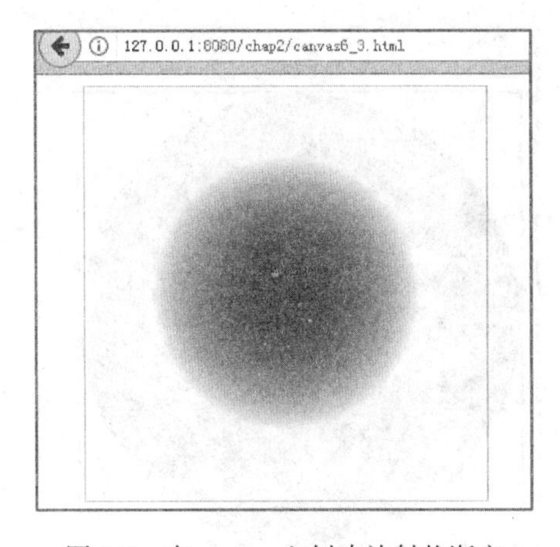

图2-7　在canvas上创建放射状渐变

fill()方法填充当前的图像（路径），默认颜色是黑色，如果路径未关闭，该方法会从路径结束点到开始点之间添加一条线，以关闭该路径（和closePath()方法一样），然后填充该路径。示例代码如下：

```
<!DOCTYPE html>
<html>
<head>
<meta charset="utf-8">
<title>fill</title>
</head>
<body>
```

```
<canvas id="myCanvas" width="300" height="300" style="border:2px
solid #900;">
您的浏览器不支持。
</canvas>
<script type="text/javascript">
var c=document.getElementById("myCanvas");
var cxt=c.getContext("2d");
cxt.fillStyle="#009";
cxt.beginPath();
cxt.arc(150,150,150,0,Math.PI*2,true);
cxt.closePath();
cxt.fill();
</script>
</body>
</html>
```

运行效果如图 2-8 所示。

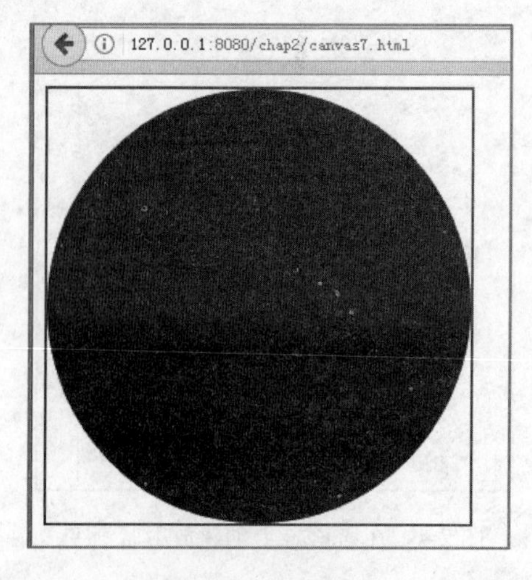

图 2-8　填充图像

drawImage()方法在画布上绘制图像、画布或视频，也能够绘制图像的某些部分、增加或减少图像的尺寸。context.drawImage（img，x，y）在画布上定位图像，img 表示要使用的图像、画布或视频，x 和 y 表示在画布上放置图像的 x 坐标位置和 y 坐标位置。

context.drawImage（img，x，y，width，height）定位图像并规定图像的宽度和高度，width 和 height 分别表示图像的宽度和高度（伸展或缩小图像）。示例代码如下：

```
<!DOCTYPE html>
<html>
<head>
<meta charset="utf-8">
```

```
<title>drawImage</title>
</head>
<body>
<p>要使用的图片：</p>
<img id="solution" src="images/solution.png">
<p>画布：</p>
<canvas id="myCanvas" width="310" height="200" style="border:1px
solid #333;"></canvas>
<script>
var c=document.getElementById("myCanvas");
var ctx=c.getContext("2d");
var img=document.getElementById("solution");
img.onload=function()
{
    ctx.drawImage(img,10,10,155,100);
}
</script>
</body>
</html>
```

运行效果如图2-9所示。

图2-9 定位图像

context.drawImage(img,sx,sy,swidth,sheight,x,y,width,height)剪切图像，并在画布上定位被剪切的部分。sx和sy表示开始剪切的x坐标位置和y坐标位置，swidth和sheight表示被剪切图像的高度和宽度。示例代码如下：

```
<! DOCTYPE html >
<html >
<head >
<meta charset = "utf-8" >
<title >drawImage </title >
</head >
<body >
<p >要使用的图片：</p >
<img id = "solution" src = "images/solution. png" >
<p >画布：</p >
<canvas id = "myCanvas" width = "310" height = "200" style = "border:1px
solid #333;" > </canvas >
<script >
document. getElementById("solution"). onload = function ()
{
    var c = document. getElementById("myCanvas");
    var ctx = c. getContext ("2d");
    var img = document. getElementById ("solution");
    ctx. drawImage (img,20,90,140,100,10,10,140,100);
};
</script >
</body >
</html >
```

运行效果如图 2-10 所示。

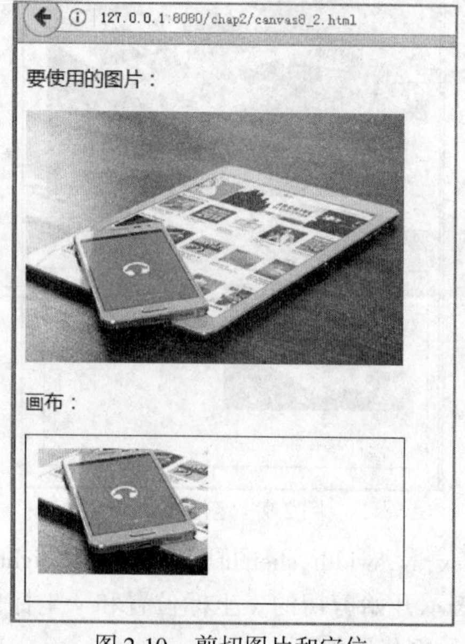

图 2-10　剪切图片和定位

2.2 HTML5 音频

HTML5 使用 <audio> 标签在网页上嵌入音频元素，支持 MP3、WAV 和 OGG 三种音频格式文件。<audio> 标签的 controls 属性规定浏览器应该为音频提供播放控件，该控件应该包括播放、暂停和定位，autoplay 属性规定音频一旦就绪马上开始播放，loop 属性将音频循环播放，muted 属性将音频输出为静音，src 属性规定音频文件的 URL。

<audio> 标签允许使用多个 <source> 标签，<source> 标签可以链接不同的音频文件，浏览器将使用第一个支持的音频文件。<source> 标签的 src 属性指定媒体文件的 URL，type 属性指定媒体资源的 MIME 类型，针对音频的 MIME 有 audio/ogg 和 audio/mp3。

Audio 对象代表 HTML 的 <audio> 元素，可以使用 getElementById( ) 访问 <audio> 元素，也可以使用 document. createElement( ) 方法创建 <audio> 元素。

Audio 对象的 currentTime 属性设置或返回音频中的当前播放位置（以秒计），duration 属性返回当前音频的长度（以秒计），paused 属性设置或返回音频是否暂停，volume 属性设置或返回音频的音量。

Audio 对象的 play( ) 方法表示开始播放音频，pause( ) 方法表示暂停当前播放的音频，load( ) 方法表示重新加载音频元素，fastSeek( ) 方法在音频播放器中指定播放时间，getStartDate( ) 方法返回表示当前时间轴偏移量的 Date 对象，canPlayType( ) 方法检查浏览器是否可以播放指定的音频类型。示例代码如下：

```
<! DOCTYPE html >
<html >
<head >
<meta charset = "utf-8" >
<title > audio1 </title >
</head >
<body >
<audio id = "myAudio" controls >
    <source src = "media/horse. ogg" type = "audio/ogg" >
    <source src = "media/horse. mp3" type = "audio/mpeg" >
</audio >
<p >单击按钮获取当前音频的长度(duration),以秒计。</p >
<button onclick = "myFunction()" >点我 </button >
<p id = "demo" > </p >
<p >单击按钮播放后暂停音频。</p >
<button onclick = "playAudio()" type = "button" >播放音频 </button >
<button onclick = "pauseAudio()" type = "button" >暂停音频 </button >
<script >
var x = document. getElementById("myAudio");
function myFunction()
```

```
{
  document.getElementById("demo").innerHTML = x.duration;;
}
function playAudio()
{
  x.play();
}
function pauseAudio()
{
  x.pause();
}
</script>
</body>
</html>
```

运行效果如图 2-11 所示。

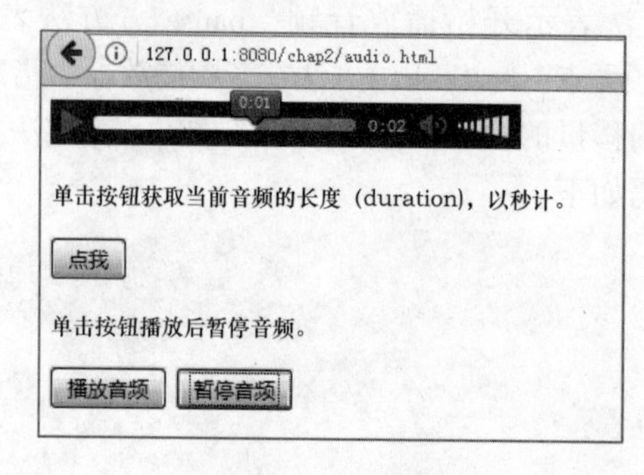

图 2-11　播放音频

2.3　HTML5 视频

HTML5 通过 <video>标签设置播放、暂停和音量控件来控制视频，支持 MP4、WebM 和 OGG 三种视频格式。<video>标签的 controls 属性规定浏览器应该为视频提供播放控件，autoplay 属性规定视频一旦就绪马上开始播放，loop 属性将视频循环播放，muted 属性将视频输出为静音，src 属性规定视频文件的 URL，poster 属性指定视频下载时显示的图像或者在用户单击播放按钮前显示的图像。<video>标签的 width 和 height 属性控制视频的尺寸。如果设置了<video>标签的高度和宽度，所需的视频空间会在页面加载时保留；如果没有设置这些属性，浏览器不知道视频的大小，浏览器就不能在加载时保留特定的空间，页面就会根据原始视频的大小而改变。

<video>标签支持多个<source>标签，<source>标签可以链接不同的视频文件，浏览器将使用第一个可识别的格式。<source>标签的 src 属性指定媒体文件的 URL，type 属性指定媒体资源的 MIME 类型，针对视频的 MIME 有 video/ogg、video/mp4 和 video/webm。

Video对象代表HTML的<video>元素，可以使用getElementById()访问<video>元素，也可以使用document.createElement()方法创建<video>元素。

Video对象的currentTime属性设置或返回视频中的当前播放位置（以秒计），duration属性返回当前视频的长度（以秒计），paused属性设置或返回视频是否暂停，volume属性设置或返回视频的音量。

Video对象的play()方法表示开始播放视频，pause()方法表示暂停当前播放的音频，load()方法表示重新加载视频元素。示例代码如下：

```
<!DOCTYPE html>
<html>
<head>
<meta charset="utf-8">
<title>video</title>
</head>
<body>
<video id="myVideo" width="320" height="200" poster="images/
logo.png" controls>
  <source id="mp4_src" src="media/mov_bbb.mp4" type="video/mp4">
  <source id="ogg_src" src="media/mov_bbb.ogg" type="video/ogg">
</video>
<p>单击按钮播放或暂停视频。</p>
<button onclick="playVid()" type="button">播放视频</button>
<button onclick="pauseVid()" type="button">暂停视频</button>
<p>单击按钮获取当前视频的宽度和高度。</p>
<button onclick="myFunction()">点我</button>
<p id="demo"></p>
<script>
var x=document.getElementById("myVideo");
function myFunction()
{
  document.getElementById("demo").innerHTML=x.width+"px,"+x.height+"px";
}
function playVid()
{
    x.play();
}
function pauseVid()
{
    x.pause();
}
```

```
</script>
</body>
</html>
```

运行效果如图 2-12 所示。

图 2-12　播放视频

2.4　HTML5 新的表单输入类型

相比 HTML4，HTML5 增加了多个新的表单输入类型，提供了更好的输入控制和验证。

<input>标签的 date 类型允许从一个日期选择器选择一个日期，month 类型允许选择一个月份，time 类型允许选择一个时间，week 类型允许选择周和年，IE 浏览器和 FireFox 浏览器目前不支持这几个类型，Chrome 和 Opera 浏览器支持。示例代码如下：

```
<!DOCTYPE html>
<html>
<head>
<meta charset="utf-8">
<title>input</title>
<style>ul{list-style:none}li{margin:10px;}</style>
</head>
<body>
<form action="getTime.jsp">
<ul>
  <li>日期选择：<input type="date" name="day"></li>
  <li>选择年月：<input type="month" name="yearmonth"></li>
  <li>具体时间：<input type="time" name="usertime"></li>
```

```
  <li>某年周次：<input type="week" name="yearweek"></li>
  <li><input type="submit"></li>
</ul>
</form>
</body>
</html>
```

运行效果如图2-13所示。

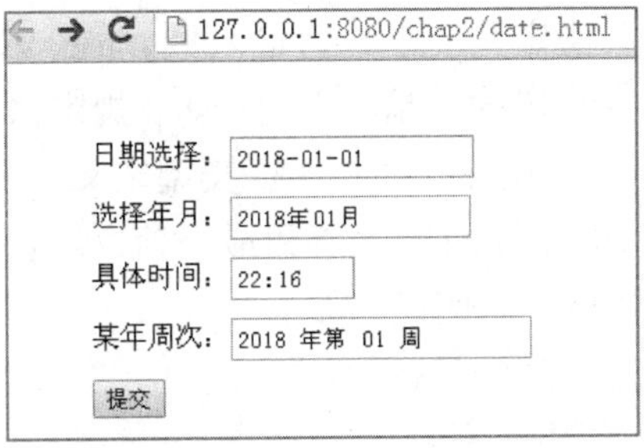

图2-13 <input>标签的时间类型

<input>标签的color类型用于选取颜色，url类型用于应该包含URL地址的输入域，在提交表单时，会自动验证url域的值。<input>标签的email类型用于输入Email地址，在提交表单时，会自动验证email域的值是否合法有效。示例代码如下：

```
<!DOCTYPE html>
<html>
<head>
<meta charset="utf-8">
<title>input</title>
<style>ul{list-style:none}li{margin:10px;}</style>
</head>
<body>
<form action="getEmail.jsp">
<ul>
  <li>颜色：<input type="color" name="favcolor"></li>
  <li>主页：<input type="url" name="homepage"></li>
  <li>Email: <input type="email" name="useremail"></li>
  <li><input type="submit"></li>
</ul>
</form>
</body>
</html>
```

运行效果如图2-14所示。

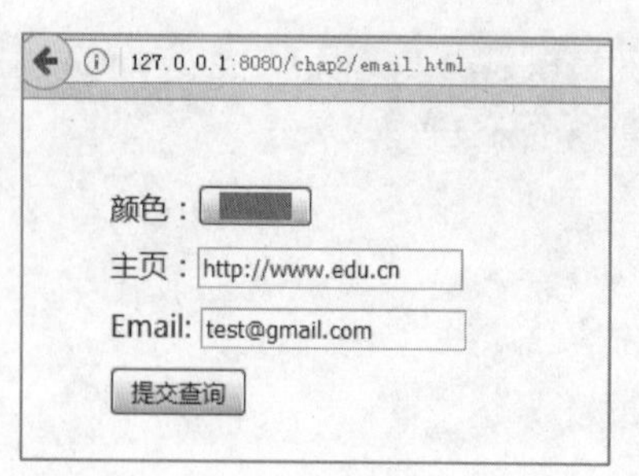

图 2-14　<input>标签的 color 等类型

<input>标签的 number 类型定义一个数值输入域，max 和 min 分别指允许的最大值和最小值，required 属性是指输入字段的值是必需的，step 规定输入字段的合法数字间隔，value 规定输入字段的默认值。<input>标签的 range 类型定义一定范围内数字值的输入域，显示为滑动条，max 和 min 分别指允许的最大值和最小值，step 规定输入字段的合法数字间隔，value 规定输入字段的默认值。示例代码如下：

```
<! DOCTYPE html>
<html>
<head>
<meta charset="utf-8">
<title>input</title>
<style>ul{list-style:none}li{margin:10px;}</style>
</head>
<body>
<form action="getNumber.jsp">
<ul>
  <li>数量:<input type="number" name="num" min="0" max="10" step="
3" value="6">
  <li>尺度: <input type="range" name="points" min="1" max="10"></li>
  <li><input type="submit"></li>
</ul>
</form>
</body>
</html>
```

运行效果如图 2-15 所示。

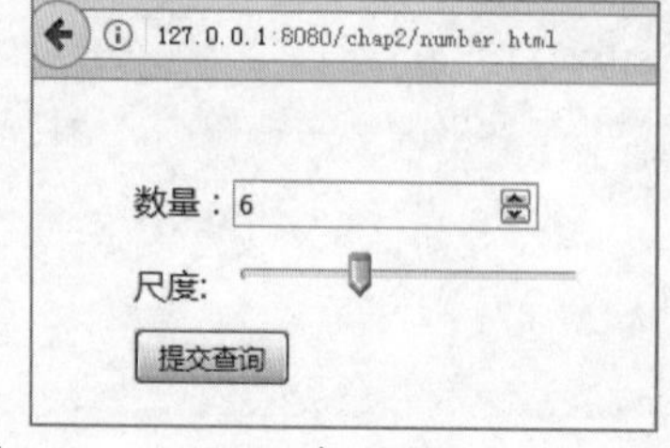

图 2-15　<input>标签的 number 等类型

2.5　HTML5 的新增表单标签和表单属性

HTML5 表单中的新标签 <datalist> 显示一个下拉列表，列表选项预先定义，由 <input> 标签的 list 属性绑定。<output> 标签作为计算结果输出显示（比如执行脚本的输出），其中 for 属性规定计算中使用的元素与计算结果之间的关系，name 属性规定 <output> 标签的名称，可以在 JavaScript 中引用或在表单提交后引用。示例代码如下：

```
<!DOCTYPE html>
<html>
<head>
<meta charset="utf-8">
<title>datalist</title>
<style>ul{list-style:none}li{margin:10px;}</style>
</head>
<body>
<form oninput="sum.value = parseInt(a.value) + parseInt(b.value)"
action="getOutput.jsp">
<ul>
<li><input list="browsers" name="browser"></li>
<li>
<datalist id="browsers">
  <option value="Internet Explorer">
  <option value="Firefox">
  <option value="Chrome">
  <option value="Opera">
  <option value="Safari">
</datalist>
</li>
<li>
0<input type="range" id="a" value="50">100
+<input type="number" id="b" value="50">
=<output name="sum" for="a b"></output>
</li>
<li><input type="submit"></li>
</ul>
</form>
</body>
</html>
```

运行效果如图 2-16 所示。

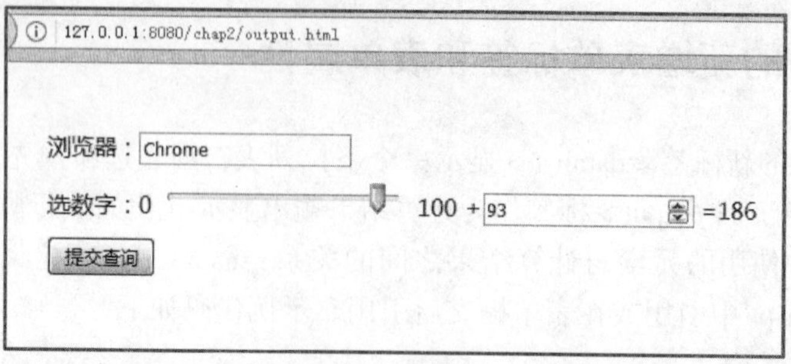

图 2-16　<datalist>标签和<output>标签的显示效果

表单中<input>标签的 autofocus 属性是一个 boolean 属性，指定该 input 元素在页面加载时，是否自动获得焦点；form 属性指定某个 input 元素所属的一个或多个表单，使用空格分隔多个表单；formaction 属性覆盖<form>标签中的 action 属性，描述表单提交的 URL 地址；formenctype 属性覆盖<form>标签中的 enctype 属性，与 type =" submit" 和 type =" image" 配合使用，描述表单提交到服务器的数据编码（针对 post 传递方式）；formmethod 属性覆盖了<form>标签的 method 属性，定义了表单提交的方式，与 type =" submit" 和 type =" image" 配合使用；novalidate 属性是一个 boolean 属性，描述 input 元素在表单提交时无需被验证；height 和 width 属性规定用于 image 类型的<input>标签的图像高度和宽度；multiple 属性规定<input> 标签的 email 和 file 两种类型可选择多个值。

<input>标签的 text、search、url、telephone、email 和 password 类型可以使用 placeholder 属性提供提示；required 属性规定在提交之前输入区是否为必填（不能为空），是一个 boolean 属性，适用于 text、email、password 等类型。示例代码如下：

```
<!DOCTYPE html>
<html>
<head>
<meta charset="utf-8">
<title>form</title>
<style>ul{list-style:none}li{margin:10px;}</style>
</head>
<body>
<form action="getForm1.jsp" id="form1">
 用户:<input type="text" name="user" autofocus placeholder="填写用户名"><br>
 <input type="submit">
 <input type="submit" formaction="getForm2.jsp" value="提交">
<input type="submit" formenctype="multipart/form-data" value="Multipart/form-data 提交">
<input type="submit" formmethod="post" formaction="postForm.jsp" value="POST 提交">
```

```
    </form>
    <p>地址字段没有在 form 表单之内,但它也是 form 表单的一部分。</p>
   地址:<input type="text" name="address" form="form1" required>
    </body>
    </html>
```

运行效果如图 2-17 所示。

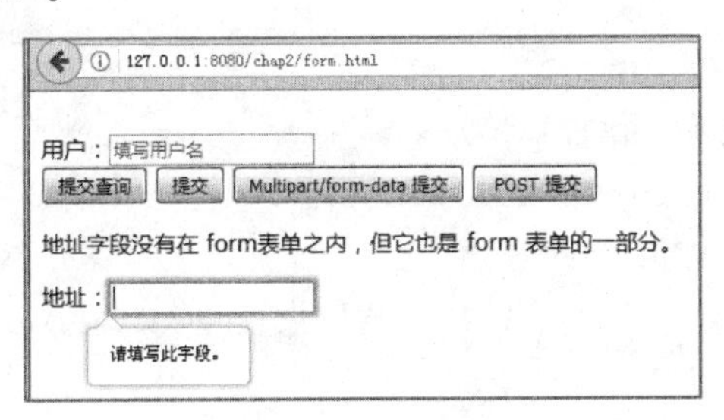

图 2-17 表单属性使用

2.6 HTML5 的新增结构标签

HTML5 新增的结构标签方便开发人员理清代码结构，有利于搜索引擎优化。

<header>标签定义页面或内容区域的头部信息，放置页面的站点名称、LOGO 和导航栏或者内容区域的标题、作者、发布日期等。<footer>标签定义页面或内容区域的底部信息，放置页面的版权信息、备案信息和友情链接或者内容区域的作者、发布日期、版权声明、分享等。

<hgroup>标签用于对页面或区段（section）的标题进行组合，可以使用<hgroup>标签将主标题和副标题包含起来。<nav>标签定义导航栏，如传统导航栏、侧边导航栏、页内导航和分页导航等。

<aside>标签定义页面内容之外的内容，在左侧或右侧边栏。

<time>标签定义日期或时间。

<article>标签定义文章区域，强调完整、独立，有利于搜索引擎识别网页内容及判断相关性。

<section>标签用来表示网页中不同的分区版块，与<div>标签有所区别。<div>标签是一个专门用来做容器的标签，包含的内容需要加样式或行为。<section>标签不是一个专用做容器的标签，一般含有标题（h1 ~ h6），内容是非文章段落，有明确的 id。一个<section>标签通常由内容和标题组成，通常不推荐那些没有标题的内容使用<section>标签，<section>标签的作用是对页面上的内容进行分块，如各个有标题的版块、功能区或对文章进行分段。

例如，一张报纸有很多个版块，包括头版、时事版块、体育版块、文学版块等，像这种有版块标题的、内容属于一类的版块可以用<section>标签包含起来。在各个版块下面，有若干文章，每篇文章有自己的文章标题和文章内容，此时每篇文章用<article>标签控制。如果一篇文章太长，有多段且每段都有小标题，说明该部分不是对立的，而是和上下文有联系，此时又可用<section>标签将段落包起来。示例部分代码如下：

```
<div class = "main" >
    <article >
      <header >
          <h1 >... </h1 >
      </header >
      <p >...
      </p >
      <section >
          <h2 >书籍推荐 </h2 >
          <article class = "book" >
             <header >
                <h3 >HTML5 程序设计 </h3 >
             </header >
             <div class = "author" >(荷)柳伯斯 著 </div >
             <p >......
             </p >
          </article >
          <article class = "book" >
             <header >
                <h3 >Javascript 程序设计 </h3 >
             </header >
             <div class = "author" >(美)扎卡斯 </div >
             <p >.....
             </p >
          </article >
       </section >
       <footer >...... </footer >
    </article >
</div >
```

运行效果如图 2-18 所示。

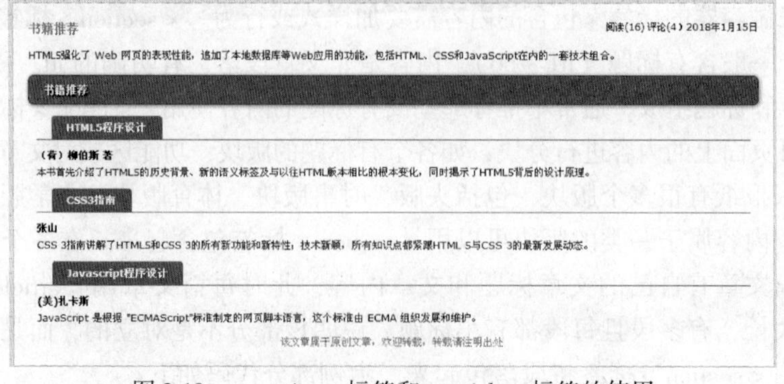

图 2-18　<section>标签和<article>标签的使用

2.7 HTML5的拖放功能

拖放是指抓取对象以后拖到另一个位置，属于HTML5标准的组成部分。HTML5新增的draggable属性指定元素是否可拖动，draggable属性值为true表示元素是可拖动的，值为false表示元素是不可拖动的，值为auto表示使用浏览器的默认特性。链接和图片默认是可拖动的，不需要draggable属性。

当用户开始拖动元素或选择的文本时，触发的dragstart事件需要调用函数设置被拖数据的数据类型和值；dragover事件在可拖动元素或选取放置目标时被触发，因为默认情况下数据或元素不能放置到其他元素中，所以需要调用preventDefault()方法防止元素的默认处理，并调用setData()方法设置被拖数据的数据类型和值；在目标区域放置被拖数据时，会触发drop事件，该事件通常调用preventDefault()方法避免浏览器对数据的默认处理，通过getData()方法获得被拖的数据并追加到目标元素中。示例代码如下：

```
<!DOCTYPE HTML>
<html>
<head>
<meta charset="utf-8">
<title>dragdrop</title>
<script>
function dragStart(event)
{
    event.dataTransfer.setData("Text", event.target.id);
    document.getElementById("demo").innerHTML="开始拖动";
}
function allowDrop(event)
{
    event.preventDefault();
    event.target.style.border="1px dotted #900";
    document.getElementById("demo").innerHTML="进入目标范围";
}
function drop(event)
{
    event.preventDefault();
    var data=event.dataTransfer.getData("Text");
    event.target.appendChild(document.getElementById(data));
    document.getElementById("demo").innerHTML="放置";
}
</script>
</head>
```

```
<body>
<div draggable = "true" id = "dragtarget" ondragstart = "dragStart
(event)">将文本拖入矩形框</div>
<div id = "droptarget" ondragover = "allowDrop(event)" ondrop = "drop
(event)" ></div>
<div id="demo"></div>
</body>
</html>
```

运行效果如图 2-19 所示。

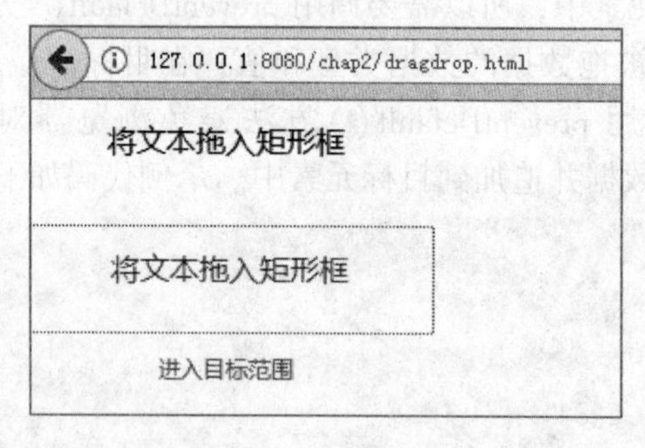

图 2-19　拖放效果

2.8　HTML5 的地理定位

HTML5 Geolocation API 用于获得用户的地理位置，地理位置主要由经度和纬度确定，鉴于该特性可能侵犯用户的隐私，除非用户同意，否则用户位置信息是不可用的。

位置信息来源包括 GPS、IP 地址、RFID、WIFI 和蓝牙的 MAC 地址，以及 GSM/CDMS 的 ID 等。在 HTML5 的实现中，手机等移动设备优先使用 GPS 定位，而笔记本式计算机和不带 GPS 的平板使用 WIFI 定位，利用网线上网的台式机一般使用 IP 定位（准确度低）。GPS 是由卫星给出定位数据。WIFI 和 IP 地址定位必须将 IP 地址或 WIFI 信号收集到的周围路由信息，上传至服务器，由服务器查询计算位置信息并返回给浏览器。

HTML5 使用 getCurrentPosition（successfn（position），errorfn（err），options）方法实现单次定位请求，此方法中有三个参数，分别是成功获取到地理位置信息时所执行的回调函数，失败时所执行的回调函数和可选属性配置项。

1）position 为请求成功后获取到的数据信息对象，在请求成功函数中有以下属性。

① 经度：coords. longitude。

② 纬度：coords. latitude。

③ 准确度：coords. accuracy。

④ 海拔：coords. altitude。

⑤ 海拔准确度：coords. altitudeAcuracy。

⑥ 行进方向：coords. heading。

⑦ 地面速度：coords. speed。

⑧ 时间戳：new Date（position. timestamp）。

2）err 为请求失败函数返回的对象，在请求失败函数中有4种情况（err. code 状态值）。

① 为用户拒绝定位请问。

② 暂时获取不到位置信息。

③ 为请求超时。

④ 未知错误。

3）options 为配置对象，是可选参数。

① enableHighAccuracy——指示浏览器获取高精度的位置，默认为 false。当开启后，可能没有任何影响，也可能使浏览器花费更长的时间获取更精确的位置数据。

② timeout——指定获取地理位置的超时时间，默认不限时。单位为毫秒。

③ maximumAge——最长有效期，在重复获取地理位置时，此参数指定多久再次获取位置。默认为0，表示浏览器需要立刻重新计算位置。

HTML5 使用 watchPosition（successfn（position），errorfn（err），options）实现多次定位请求，和单次定位请求方法类似，移动设备改变位置才会触发，可以通过配置 options 参数的 frequency 值设置更新的频率。watchPosition 被调用后，浏览器会跟踪设备的位置，每一次位置的变化，watchPosition 中的代码都将会被执行。clearWatch 方法可以清除 watchPosition 的监控事件。示例部分代码如下：

```
 <script>
window.onload = function(){
        var oInput = document.getElementById('input1');
        var oT = document.getElementById('t1');
        oInput.onclick = function(){
            //调用请求方法 getCurrentPosition()
            navigator.geolocation.getCurrentPosition(function(position){
             oT.innerHTML += '经度:' +position.coords.longitude + '<br>';
             oT.innerHTML += '纬度 :' +position.coords.latitude + '<br>';
             oT.innerHTML += '准确度 :' +position.coords.accuracy + '<br>';
             oT.innerHTML += '时间戳:' +new Date(position.timestamp) + '<br>';
            }, function(error){
                //1 为用户拒绝定位请问
                //2 暂时获取不到位置信息
                //3 为请求超时
                //4 未知错误
                switch(error.code){
                case 1:
                  alert("用户拒绝定位请问");
                  break;
                case 2:
```

```
                alert("暂时获取不到位置信息");
                break;
              case 3:
                alert("请求超时");
                break;
              case 4:
                alert("未知错误");
                break;
          }}, {
              enableHighAcuracy: true,//更精确地查找
              timeout: 5000,//获取位置允许最长时间
              maximumAge: 5000//位置可以缓存的最大时间
          });
        };
  }
  </script>
```

运行效果如图 2-20 所示。

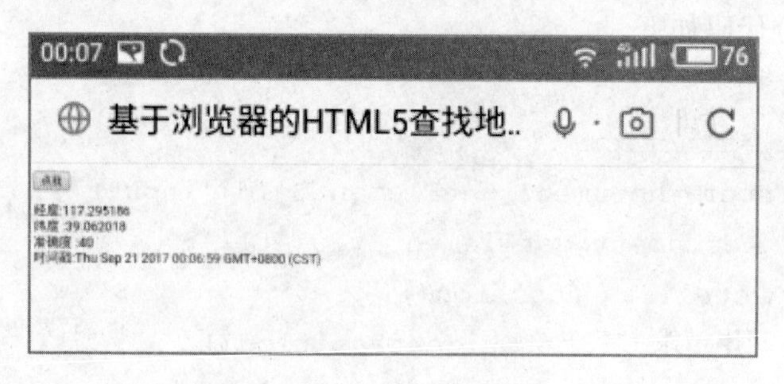

图 2-20　地理定位

2.9　HTML5 本地存储

使用 HTML5 可以在本地客户端存储用户的浏览数据，不会随着 HTTP 传输，大小限制在 500 万字符左右，在浏览器隐私模式下不可读取，读写数据多时会比较卡，不能被网络爬虫抓取信息。一般用于缓存非实时定位的信息，如搜索页的出发城市、达到城市等，用于缓存较大的数据，如城市列表。

本地存储的对象分为 localStorage 和 sessionStorage。localStorage 将数据保存在客户端硬件设备上，下次打开浏览器时数据还在，没有时间限制，而 sessionStorage 是一个 session 会话期间的数据存储临时保存。localStorage 和 sessionStorage 使用的方法类似。

1）setItem(key,value)保存数据，如果 key 存在，更新 value。

2）getItem(key)读取数据，如果 key 不存在，返回 null。

3）removeItem(key)删除单个数据，key 对应的数据将会全部删除。

4）clear( )删除所有数据，清除所有 localStorage 或 sessionStorage 对象保存的数据。

5）length 属性表示遍历时得到存储的 key 的数据总量。

6）key(index)得到某个索引的 key。

示例部分代码如下：

```
<script>
function clickCounter(){
    if(localStorage.clickcount){
      localStorage.clickcount =Number(localStorage.clickcount) +1;
    }
    else{
      localStorage.clickcount =1;
    }
document.getElementById("result").innerHTML ="单击" + localStorage.clickcount
+"次";
}
function clickCounter2(){
    if(sessionStorage.clickcount){
      sessionStorage.clickcount =Number(sessionStorage.clickcount) +1;
    }
    else{
      sessionStorage.clickcount =1;
    }
document.getElementById("result2").innerHTML ="单击" + sessionStorage.
clickcount +"次";
}
</script>
```

运行效果如图 2-21 所示。

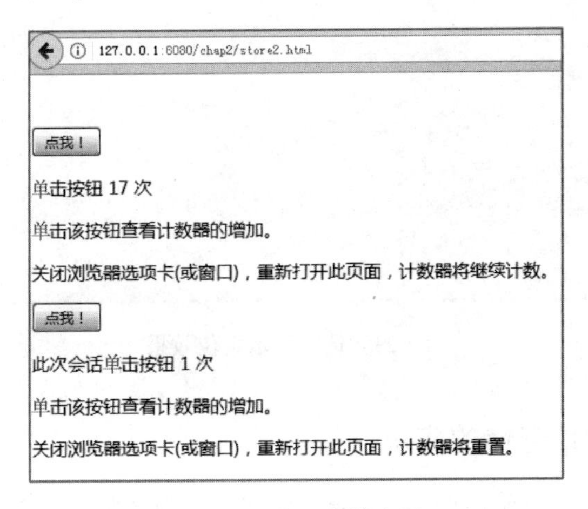

图 2-21　本地存储应用

2.10 HTML5 应用案例

案例的目的是让学生熟悉 HTML5 的 Geolocation API、掌握对象拖动和本地存储等功能的使用。

2.10.1 案例——实现图片的拖放

编写程序实现在两个 <div> 元素之间来回拖放图片，注意利用文本提示当时所触发的状态，效果如图 2-22 所示。

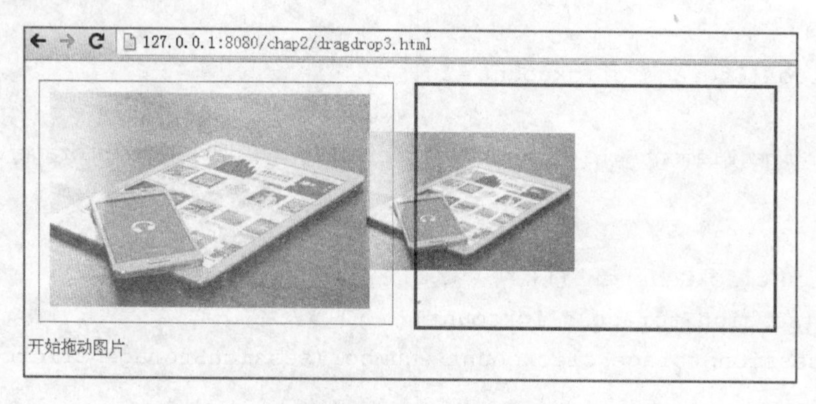

图 2-22　拖放图片效果

2.10.2 案例——地图显示定位信息

结合 HTML5 Geolocation API 和百度地图 API 编写程序利用地图显示位置信息，效果如图 2-23 所示。

图 2-23　地图显示定位效果

2.10.3 案例——本地存储的应用

编写程序利用本地存储保存并显示友情链接列表，效果如图 2-24 所示。

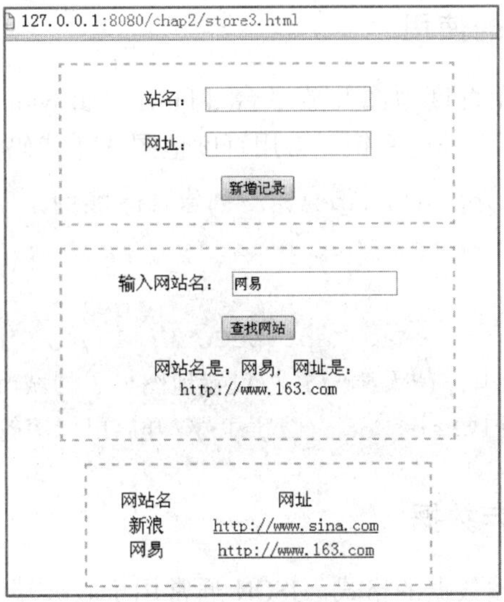

图 2-24 网站链接存储效果

2.11 HTML5 应用案例分析

HTML5 的 Geolocation API 需要和百度地图或者谷歌地图结合使用，本地存储常用 JavaScript对象简谱（JSON）数据格式。

2.11.1 拖放时的处理方法

当被鼠标拖动的对象进入目标范围内时触发 dragenter 事件，而当该离开其源容器范围时触发 dragleave 事件。

通常需要为被拖动数据元素设置 ondragstart 属性，为放置数据的目标元素设置ondragover 属性和 ondragdrop 属性，也可以采取利用 document.addEventListener（event，function，useCapture）向文档添加事件句柄的方法，其中 event 是描述事件名称的字符串，不要使用 on 前缀，使用 dragstart 来取代 ondragstart；function 是描述事件触发后执行的函数；useCapture 是指定事件是否在捕获或冒泡阶段执行的可选布尔值。

示例部分代码如下：

```
/* 拖动时触发 */
document.addEventListener("dragstart", function(event){
    //dataTransfer.setData()方法设置数据类型和拖动的数据
    event.dataTransfer.setData("image", event.target.id);
    // 拖动时输出文本提示
    document.getElementById("demo").innerHTML = "开始拖动图片";
    //修改拖动元素的透明度
    event.target.style.opacity = "0.5";
});
```

2.11.2 百度地图 API 的使用

利用百度地图定位需在百度地图开放平台（http：//lbsyun. baidu. com）创建应用，应用类型选浏览器端，获取百度地图密钥。常用百度地图 API 代码如下：

```
var map = new BMap.Map("allmap"); //创建 Map 实例
    map.centerAndZoom(new BMap.Point(y,x), 14);//初始化地图,设置中心坐标和地图级别
    map.addControl(new BMap.MapTypeControl());//添加地图类型控件
    map.setCurrentCity("天津"); //设置地图显示的城市,此项必须设置
    map.enableScrollWheelZoom(true);//开启鼠标滚轮缩放
```

2.11.3 利用 JSON 保存数据

JSON 是用于存储和传输数据的格式。JSON 通常用于服务端向网页传递数据，输入网站名和网址，利用 JSON 保存数据，交于 localstorage 存储，以网站名作为 key 存入 localStorage。

JSON. stringify( )方法将 JavaScript 值转换并返回包含 JSON 文本的字符串。JSON. parse( )方法用于将一个 JSON 字符串转换为对象并返回。利用 Chrome 调试工具可以查看 localStorage，如图 2-25 所示。

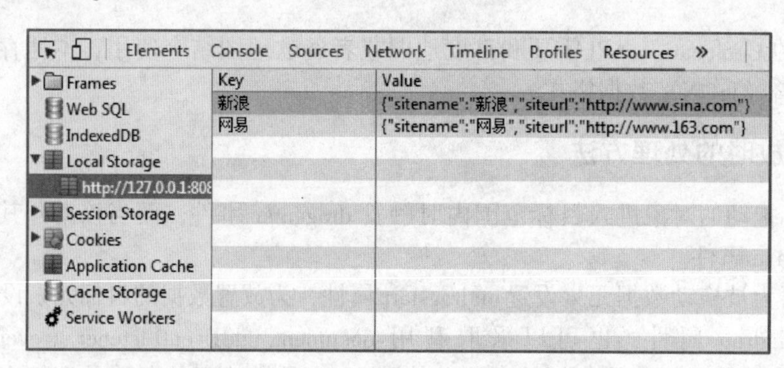

图 2-25　Chrome 调试工具中的 Resources

第3章

网页布局基础

编写网页时需要符合万维网联盟（World Wide Web Consortium，W3C）标准。W3C 标准包含结构标准、表现标准和动作标准。与结构标准对应的语言是 HTML，与表现标准对应的语言是 CSS，与动作标准对应的语言是 JavaScript。目前 HTML5 是 HTML 最新的修订版本，2014 年 10 月由 W3C 完成标准制定。

3.1　CSS 基础

CSS（Cascading Style Sheets）指层叠样式表，通常存储在 CSS 文件中，为了解决内容与表现分离的问题，用来定义如何显示 HTML 元素。

CSS 控制 HTML 页面常用行内样式、内嵌样式和链接样式。行内样式直接对 HTML 标签使用 style = " "。内嵌样式将 CSS 代码写在 <head> </head>之间，并且用 <style> </style> 进行声明。链接样式是最常用的样式，将 CSS 样式存储为一个文件如 style. css，只需在 HTML 文档的 <head> </head> 之间加上 <link type = " text/css" rel = " stylesheet" href = " style. css" /> 即可，<link>标签中的 href 属性值即为要链接的 CSS 文件。

CSS 样式是通过 CSS 选择器作用到 HTML 元素上的，CSS 选择器常用标签选择器、id 选择器和 class 选择器。HTML 页面由很多不同的标签组成，标签选择器决定哪些标签采用相应的 CSS 样式。id 选择器在一个 HTML 页面中只能使用一次，如给 HTML 页面中的某个 <p>标签加上 id 属性，<p id = " newstitle" >Web 前端开发</p>，那么在 CSS 中定义 id 为 newstitle 的 <p>标签的属性，就需要用到" #"，如#newstitle {background: #900; font-size: 20px; color: #333;}，id 值 newstitle 在该 HTML 网页中只能出现一次，id 值在 JavaScript 中也常被使用。类选择使页面中的某些标签（可以是不同的标签）具有相同的样式，和 id 选择器的用法类似，把 id 换作 class，<p class = "newstitle">Web 前端开发</p>，在 CSS 中定义 class 为 newstitle 的 <p>标签的属性，需要用到" ."，如 . newstitle{background: #900;font-size:20px;color:#333;}，这样页面中凡是加上 class = " newstitle" 的标签，样式都是一样的。一个标签可以有多个类选择器的值，不同的值用空格分开，id 选择器和 class 选择器也可以作用于同一个标签。

3.2　盒子模型

W3C 建议把所有的网页上的对象都放在一个盒子中。一个盒子包括 content、border、

padding、margin，并且 content 部分不包含其他部分，如图 3-1 所示。

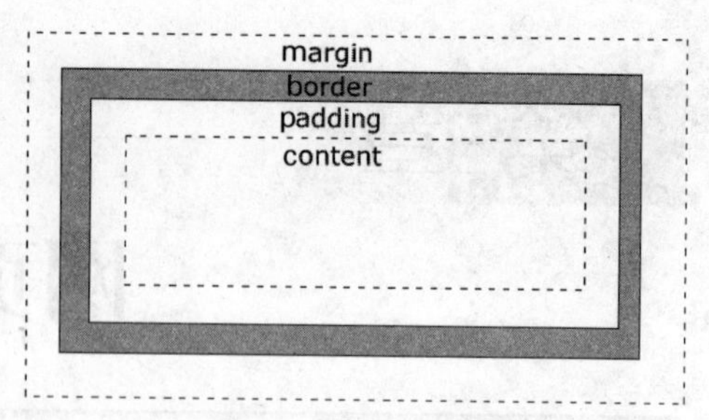

图 3-1　盒子模型示意

其中 content 为盒子中的内容，border 为盒子的边框，padding 为盒子边框与内容之间的距离（内边距），如果有多个盒子存在，盒子与盒子之间的距离为 margin（外边距）。整个盒子模型在网页中所占的宽度为左外边距 + 左边框 + 左内边距 + 内容 + 右内边距 + 右边框 + 右外边距。

CSS 盒子模型的内容属性有 width 和 height，边框属性为 border，内边距属性为 padding，外边距属性为 margin（使用该属性的时候注意浏览器的兼容性）。内边距和外边距的属性值如果设置四个值，则分别表示上右下左；如果只设置一个值，则表示上右下左皆为同一值；如果设置两个值，则第一个值表示上下，第二个值表示左右。

3.3　浮动布局

CSS 的 float（浮动）会使元素沿着水平方向向左或向右移动，其周围的元素也会重新排列。一个浮动元素会尽量向左或向右移动，直到它的外边缘碰到包含框或另一个浮动框的边框为止。把几个浮动元素放到一起，如果有空间，则它们将彼此相邻。

标准网页是由若干个版块构成的，每个版块可以用 div 表示，均为块状元素，如果两个版块作为两栏需要左右相邻，那么可以将左边版块 float 属性设置为 left，即左浮动，右边版块也需要设置为左浮动，否则在 Firefox 浏览器中两个版块会发生重叠和错位。块状元素不允许其他元素和自己处于同一行，给它设置 float 后，如果空间足够，则相邻元素会和它处于同一行；如果相邻元素想留在下一行；就需要设置 clear 属性清除浮动影响。

网页横向导航版块一般使用标签 <ul> 和 <li>。<li> 标签里面的内容通常是超链接，需要将超链接转换为块状元素，<ul>、<li> 标签及超链接都需要设置为左浮动。对于带有标题的竖向信息列表版块，一般采用 <dl>、<dt> 和 <dd> 标签。

为了使得在同一行的浮动版块能被大版块所包容，必须严格设置每个版块的内容宽度、内边距、边框和外边距，它们的整体宽度不得超过大版块宽度，否则会发生错位问题。

上下两个元素相邻，上面元素设置了 margin-bottom，下面元素设置了 margin-top，那么二者之间的上下间距应选取最大的那个 margin 值。左右两个元素相邻，左边元素设置了 margin-right，右边元素设置了 margin-left，那么二者之间的左右间距为两个值之和，即 margin-right 值与 margin-left 值相加。

3.4　定位布局

利用 position 定位方式也可以实现网页布局，定位有绝对定位 absolute 与相对定位 relative。如果页面内某个元素没有设定 position 属性，那么它的 position 属性值是 static。绝对定位 absolute默认参照浏览器的左上角，配合 top、right、bottom 和 left 进行定位。当一个元素具有了定位属性（绝对定位和相对定位）后，想把它精确定位于某一个位置，只需要设置

top、right、bottom 和 left 中的任意相邻两个就可以了。

父级元素是指在原有的盒子外面，再套一层宽度和高度大于原有盒子尺寸的盒子。如果用定位来布局页面，父级元素的 position 属性必须为 relative，而定位于父级内部某个位置的元素，最好用 absolute，因为它不受父级元素的 padding 属性影响，如果用 relative 则需计算父级元素的 padding 值。

浮动与定位经常相结合实现网页布局。

3.5　弹性盒布局

传统布局基于盒状模型，依赖 display 属性、position 属性和 float 属性，但是要实现垂直居中等特殊布局并不容易。

W3C 于 2009 年提出了 Flex 弹性盒布局模型，该模型可以简便、完整、响应式地实现各种页面布局。Flex 是 Flexible Box 的缩写，意为“弹性盒布局”。任何一个容器都可以指定为 Flex 布局，如 .box{display: flex;}，行内元素也可以使用 Flex 布局，如 .box{display: inline-flex;}，设为 Flex 布局以后，子元素的 float、clear 和 vertical-align 属性将失效。

采用弹性盒布局的元素，称为弹性容器（flex container），它的所有子元素称为 Flex 项目（flex item），如图 3-2 所示。

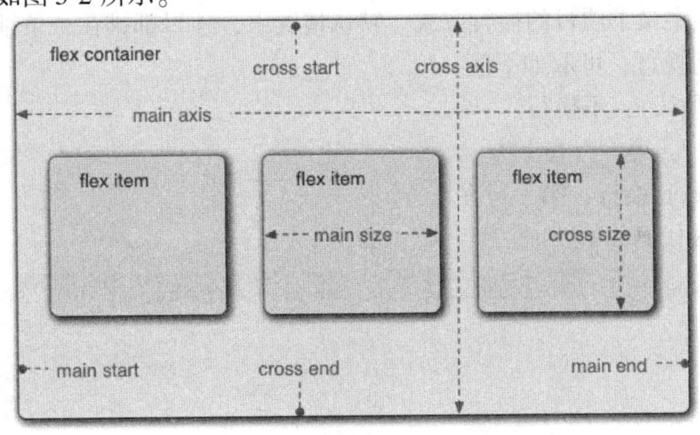

图 3-2　弹性盒布局模型相关概念

弹性容器默认存在两根轴：水平的主轴（main axis）和垂直的交叉轴（cross axis）。主轴的开始位置（与边框的交叉点）叫作 main start，结束位置叫作 main end。交叉轴的开始位置叫作 cross start，结束位置叫作 cross end。项目默认沿主轴排列，单个项目占据的主轴空间叫作 main size，占据的交叉轴空间叫作 cross size。

3.5.1　弹性容器的属性

弹性容器有 6 个属性，分别为 flex-direction、flex-wrap、flex-flow、justify-content、align-items 和 align-content。

1. flex-direction 属性

flex-direction 属性决定主轴的方向（即项目的排列方向），可取如下值。

1）row（默认值）：主轴为水平方向，起点在左端。

2）row-reverse：主轴为水平方向，起点在右端。

3）column：主轴为垂直方向，起点在上沿。

4）column-reverse：主轴为垂直方向，起点在下沿。

示例部分 CSS 代码如下：

```
.box{display: flex;background-color: white;margin: 0 0 20px;}
.box-1{flex-direction: row;}
.box-2{flex-direction: row-reverse;}
```

实现效果如图 3-3 所示。

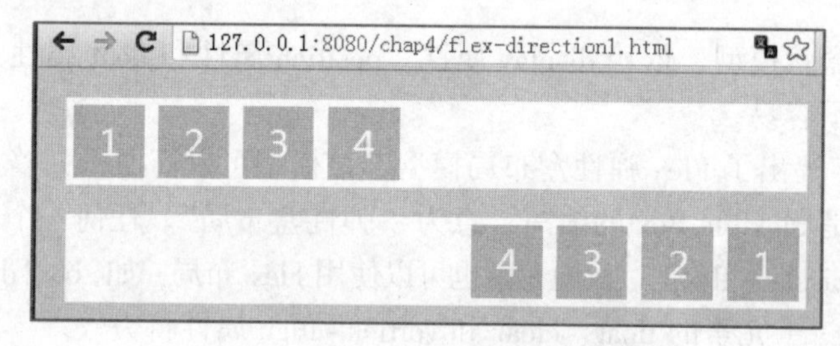

图 3-3　flex-direction 指定项目位置

2. flex-wrap 属性

flex-wrap 属性定义了项目的换行方式。默认情况下，项目都排在一条轴线上。如果一条轴线排不下，如何换行，可取如下值。

1）nowrap（默认）：不换行。

2）wrap：换行，第一行在上方。

3）wrap-reverse：换行，第一行在下方。

示例部分 CSS 代码如下：

```
.box{display: flex;background-color: white;margin: 0 0 20px;}
.box-1
{
  flex-direction: row;
  flex-wrap: nowrap;
}
.box-2
{
  flex-direction: row;
  flex-wrap: wrap;
}
.box-3
{
  flex-direction: row;
  flex-wrap: wrap-reverse;
}
```

实现效果如图 3-4 所示。

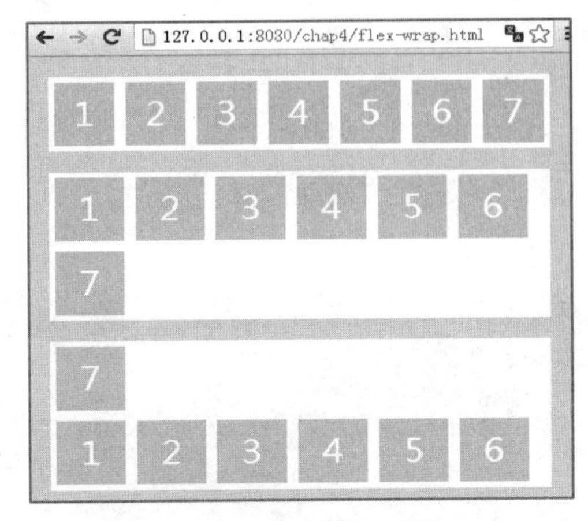

图 3-4 flex-wrap 指定项目换行方式

3. flex-flow 属性

flex-flow 属性是 flex-direction 属性和 flex-wrap 属性的简写形式，默认值为 row nowrap。

示例部分 CSS 代码如下：

```
.box{display: flex;background-color: white;margin: 0 0 20px;}
.box-1
{
  flex-flow: row nowrap;
}
```

实现效果如图 3-5 所示。

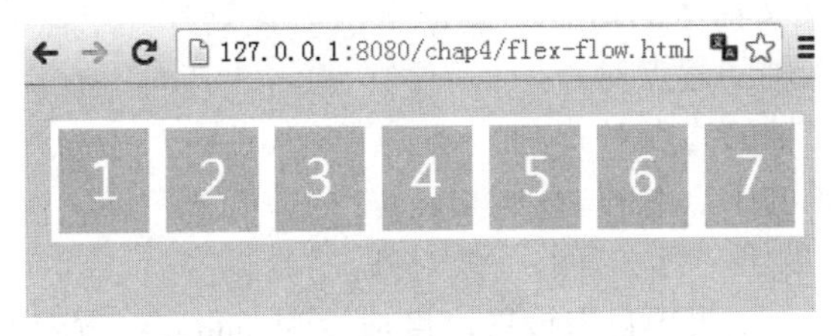

图 3-5 flex-flow 指定项目排列方式

4. justify-content 属性

justify-content 属性定义了项目在主轴上的对齐方式，可取 5 个值，具体对齐方式与轴的方向有关，下面假设主轴为从左到右。

1）flex-start（默认值）：左对齐。

2）flex-end：右对齐。

3）center：居中。

4）space-between：两端对齐，项目之间的间隔都相等。

5）space-around：每个项目两侧的间隔相等，所以项目之间的间隔比项目与边框的间隔大一倍。

示例部分 CSS 代码如下：

```
.box-1{justify-content: flex-start;}
.box-2{justify-content: flex-end;}
.box-3{justify-content: center;}
.box-4{justify-content: space-between;}
.box-5{justify-content: space-around;}
```

实现效果如图 3-6 所示。

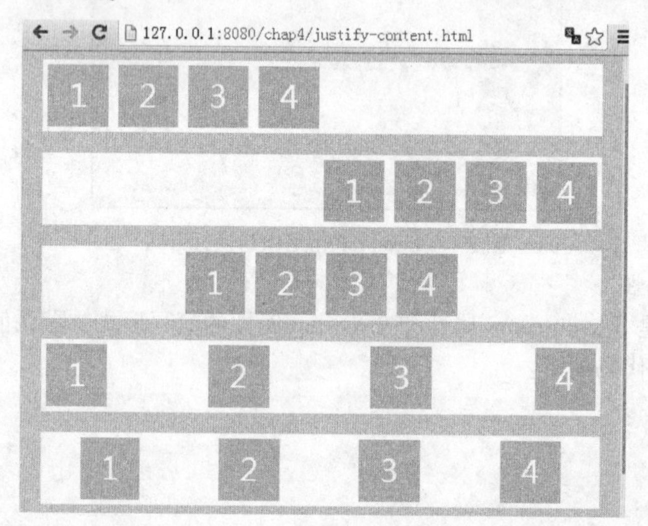

图 3-6 justify-content 指定项目对齐主轴线

5. align-items 属性

align-items 属性定义项目在交叉轴上如何对齐，可取 5 个值，具体的对齐方式与交叉轴的方向有关，下面假设交叉轴从上到下。

1）flex-start：与交叉轴的起点对齐。

2）flex-end：与交叉轴的终点对齐。

3）center：与交叉轴的中点对齐。

4）baseline：与项目的第一行文字的基线对齐。

5）stretch（默认值）：如果项目未设置高度或设为 auto，将占满整个容器的高度。

示例部分 CSS 代码如下：

```
.item-tall{height: 100px; line-height: 100px;}
.box-1{align-items: flex-start;}
.box-2{align-items: flex-end;}
.box-3{align-items: center;}
.box-4{align-items: baseline;}
.box-4.box-item
{
    font-size: 22px;
    line-height: initial;
    text-decoration: underline;
```

```
}
.box-4.item-tall
{
    font-size: 30px;
    line-height: initial;
}
.box-5{align-items: stretch;}
.box-5.box-item
{
    height: auto;
}
```

实现效果如图3-7所示。

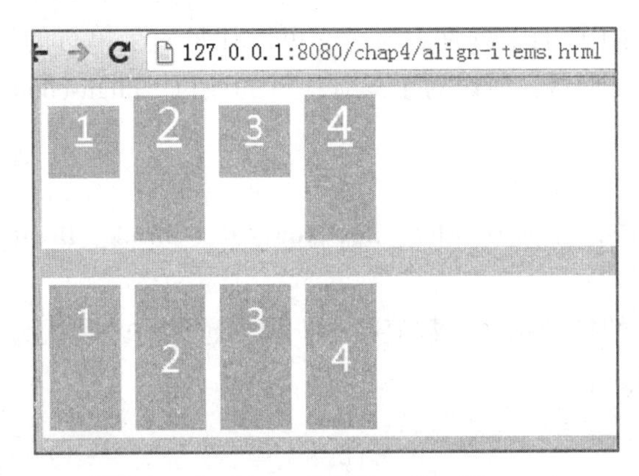

图3-7 align-items取值baseline和stretch

6. align-content属性

align-content属性定义了多根轴线的对齐方式。如果项目只有一根轴线，则该属性不起作用。具体的对齐方式与交叉轴的方向有关，下面假设交叉轴从上到下，有6个可取值。

1）flex-start：与交叉轴的起点对齐。

2）flex-end：与交叉轴的终点对齐。

3）center：与交叉轴的中点对齐。

4）space-between：与交叉轴两端对齐，轴线之间的间隔平均分布。

5）space-around：每根轴线两侧的间隔都相等，所以轴线之间的间隔比轴线与边框的间隔大一倍。

6）stretch（默认值）：轴线占满整个交叉轴。

示例部分CSS代码如下：

```
.box-tall {height:150px;}
.box-4{flex-wrap: wrap; align-content:space-between}
.box-5{flex-wrap: wrap; align-content:space-around;}
```

实现效果如图3-8所示。

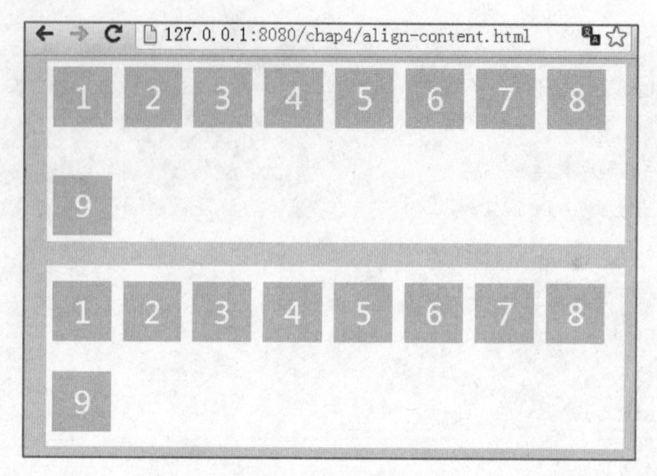

图 3-8　align-content 取值 space-between 和 space-around

align-items 属性适用于所有的弹性容器，它可以让每一个单行的容器居中。align-content 属性只适用于多行的弹性容器，所以对于只有一行的项目，align-content 是没有效果的。

3.5.2　项目的属性

弹性项目有 6 个属性，分别为 order、flex-grow、flex-shrink、flex-basis、flex 和 align-self。

1. order 属性

order 属性定义项目的排列顺序。数值越小，排列越靠前，默认为 0。

示例部分 CSS 代码如下：

```
.box-item
{
  width: 100px;
  height: 100px;
  line-height: 100px;
  margin: 5px;
  background-color: #ffd200;
}
.order1{order: -1;}
.order2{order: 2;}
```

实现效果如图 3-9 所示。

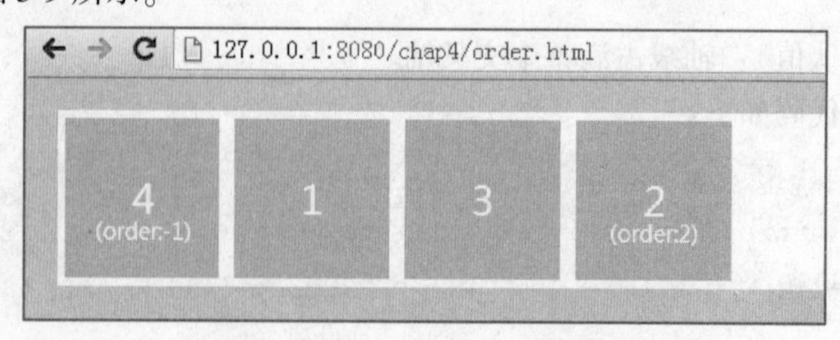

图 3-9　order 属性定义项目的排列顺序

2. flex-grow 属性

flex-grow 属性定义项目的放大比例，默认为 0，即如果存在剩余空间，也不放大。如果所有项目的 flex-grow 属性都为 1，则它们将等分剩余空间（如果有的话）。如果一个项目的 flex-grow 属性为 2，其他项目都为 1，则前者占据的剩余空间将比其他项多一倍。

示例部分 CSS 代码如下：

```
.box.grow
{
  flex-grow: 1;
  width: auto;
}
.box.grow-2
{
    flex-grow: 2;
}
```

实现效果如图 3-10 所示。

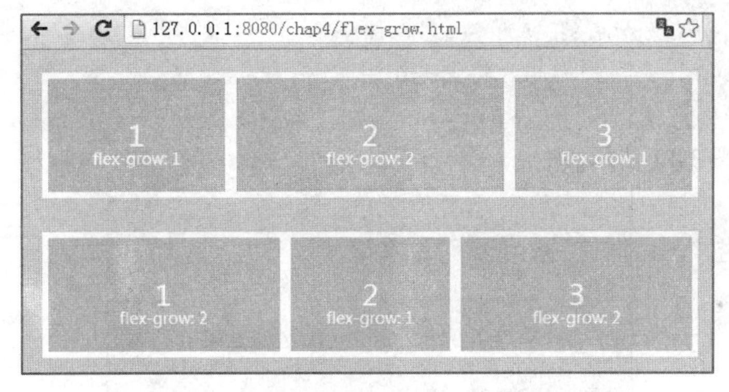

图 3-10　flex-grow 属性定义项目的放大比例

3. flex-shrink 属性

flex-shrink 属性定义了项目的缩小比例，默认为 1，即如果空间不足，该项目将缩小。如果所有项目的 flex-shrink 属性都为 1，当空间不足时，都将等比例缩小。如果一个项目的 flex-shrink 属性为 0，其他项目都为 1，则空间不足时，前者不缩小。负值对该属性无效。

示例部分 CSS 代码如下：

```
.box-1.box-item
{
  width:400px;
}
.box-1.shrink
{
  flex-shrink: 0;
}
```

实现效果如图 3-11 所示。

图 3-11　flex-shrink 属性定义项目的缩小比例

4. flex-basis 属性

flex-basis 属性定义了在分配多余空间之前，项目占据的主轴空间（main size）。浏览器根据这个属性，计算主轴是否有多余空间。flex-basis 的默认值为 auto，即项目的本来大小，也可以设为与 width 或 height 属性一样的值（比如 350px），则项目将占据固定空间。

示例部分 CSS 代码如下：

```
.box-1.box-item
{
    flex-basis: auto;
}
.box-2.box-item
{
    flex-basis: 200px;
    width: 400px; // width 将失去作用
}
```

实现效果如图 3-12 所示。

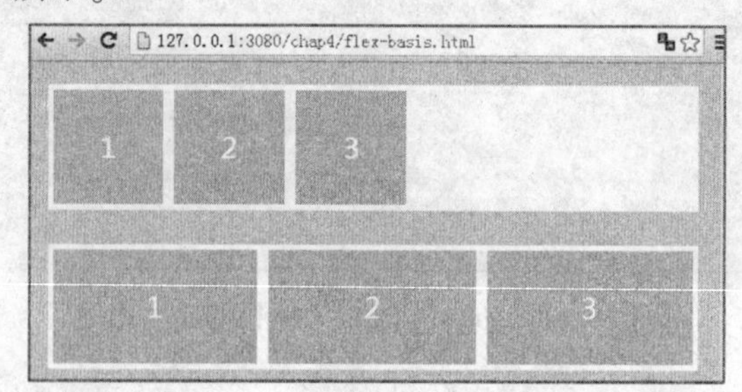

图 3-12　flex-basis 属性定义项目占据的主轴空间

5. flex 属性

flex 属性是 flex-grow、flex-shrink 和 flex-basis 的简写，默认值为 0 1 auto。该属性有两个快捷值：auto（1 1 auto）和 none（0 0 auto）。建议优先使用这个属性，而不是单独写三个分离的属性，因为浏览器会推算相关值。

示例部分 CSS 代码如下：

```
.box-1.box-item
{
    flex: auto; /*1 1 auto*/
}
.box-2.box-item
{
    flex: none; /*0 0 auto*/
}
```

实现效果如图3-13所示。

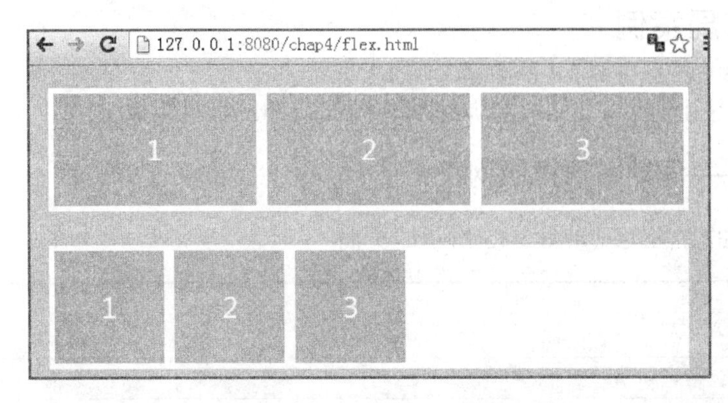

图3-13 flex属性分配项目空间

6. align-self属性

align-self属性允许单个项目有与其他项目不一样的对齐方式，可覆盖由容器设定的align-items属性。默认值为auto，表示继承父元素的align-items属性，如果没有父元素，则等同于stretch。align-self属性可取6个值，除了auto，其他都与align-items属性完全一致。

示例部分CSS代码如下：

```
.box-1
{
  height: 210px;
}
.box-1.box-item
{
  align-self: flex-start;
}
.box-1.end
{
  align-self: flex-end;
}
```

实现效果如图3-14所示。

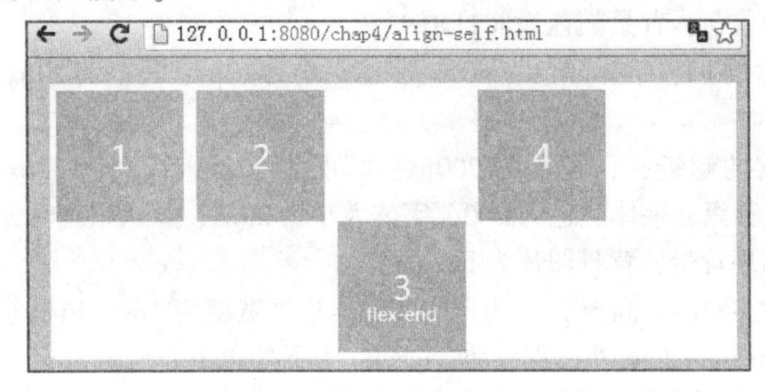

图3-14 align-self属性设定单个项目的对齐方式

3.6　网页布局案例

案例的目的是让学生掌握浮动布局和弹性盒布局的网页排版方法。

3.6.1　案例——浮动布局排版网页

用浮动布局的方法实现如图 3-15 所示的页面。

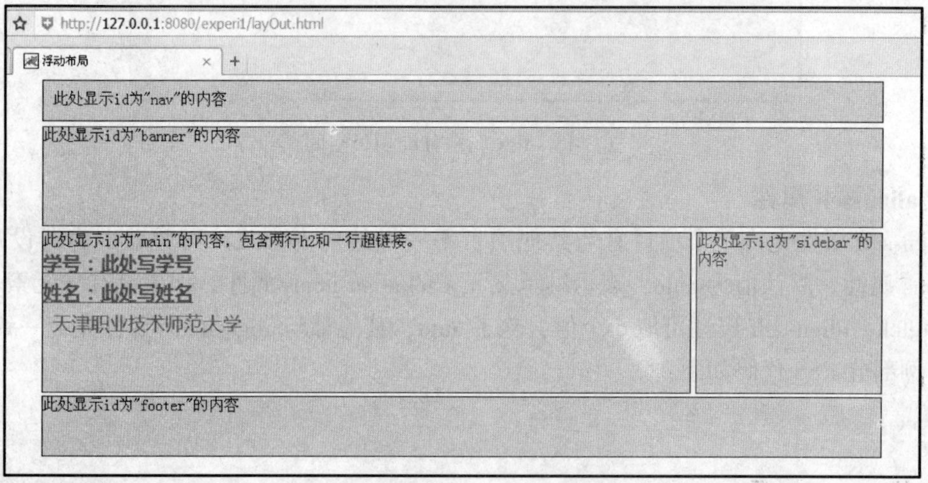

图 3-15　浮动布局页面效果

注意浏览器的兼容性，CSS 样式要求如下。

1）#nav：宽 860px；高 20px；边框为实线、边框宽度为 1px、边框颜色为#003；margin 外边距上右下左分别为 5px、自动、5px、自动；背景颜色为#ccc；padding 内边距为 10px。

2）#banner：宽 880px；高 100px；边框为实线、边框宽度为 1px、边框颜色为#003；margin 左右外边距自动、margin 下外边距为 5px；背景颜色为#C1E8F9。

3）#content：宽 882px；高 300px；margin 左右外边距自动。

4）#main：左浮动；宽 680px；高 300px；边框为实线、边框宽度为 1px、边框颜色为#003；margin 右外边为 5px；背景颜色为#C1E8F9。

5）#sidebar：左浮动；宽 193px；高 300px；边框为实线、边框宽度为 1px、边框颜色为#003；字体颜色为蓝色；背景颜色为#C1E8F9。

6）#main 包含的 h2：字体颜色为#f00、字体大小为 12px；行高为 20px；字体带下画线；字体粗细为加粗。

7）#main 包含的超链接：宽度为 200px、高度为 32px；行高为 32px；左右内边距为 10px；字体为微软雅黑、字体颜色为#f00、字体大小为 20px；默认状态时无下画线；鼠标移至超链接上方，出现背景，背景图片为 bg. jpg。

8）#footer：宽 880px；高 60px；边框为实线、边框宽度为 1px、边框颜色为#003；背景颜色为#C1E8F9；margin 左右外边距自动、margin 上下外边距分别为 5px。

完成 HTML 网页代码和 CSS 代码的编写，并测试运行效果。

3.6.2　案例——浮动和定位布局网页

利用浮动和定位结合的方法实现如图3-16所示的页面，注意效果图中标注所指内容的实现。

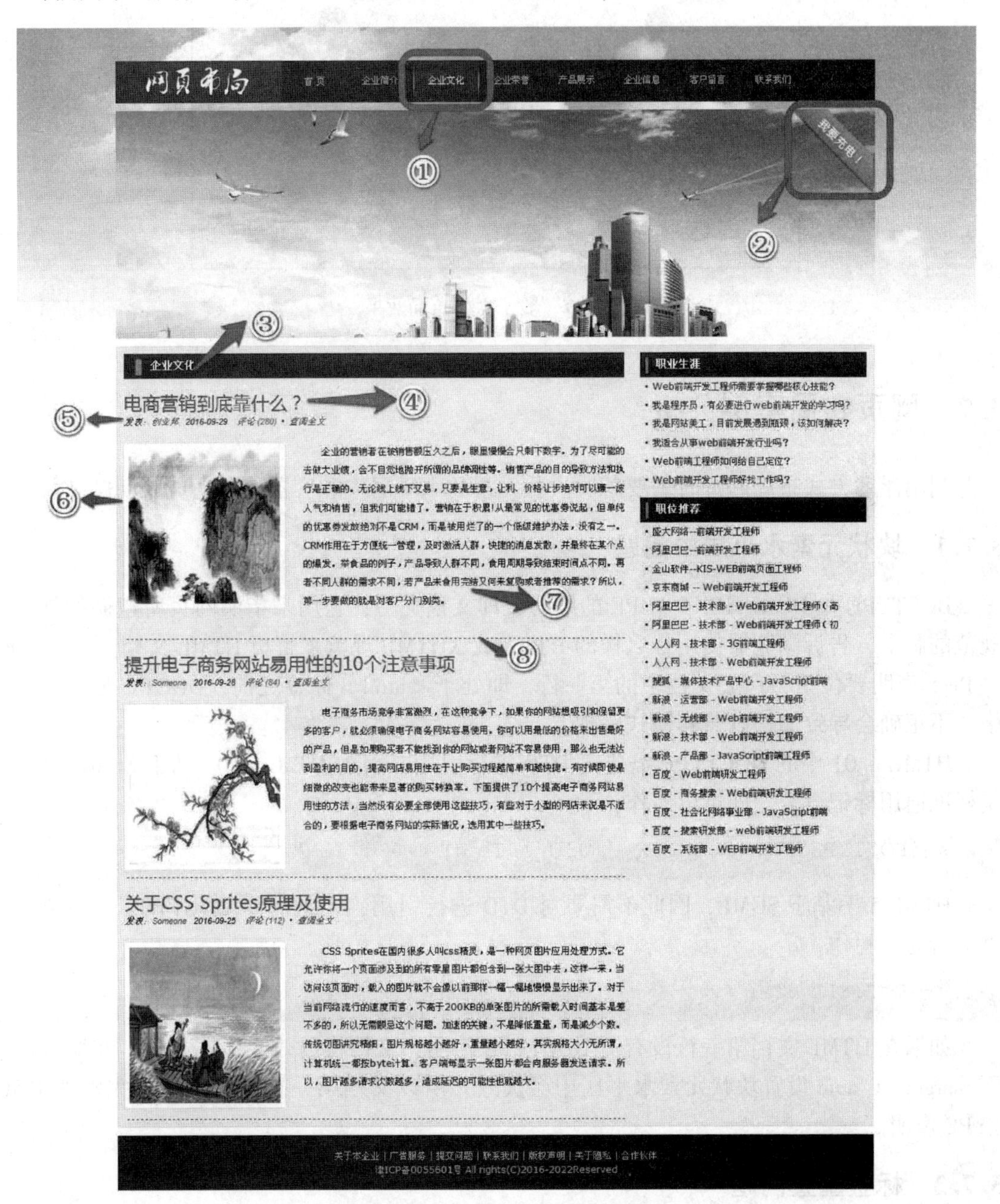

图3-16　浮动和定位布局页面效果

3.6.3　案例——骰子六面的弹性布局

很多工作场景中会应用到骰子，利用弹性盒子布局的方式绘制出骰子的六面，效果如图3-17所示。

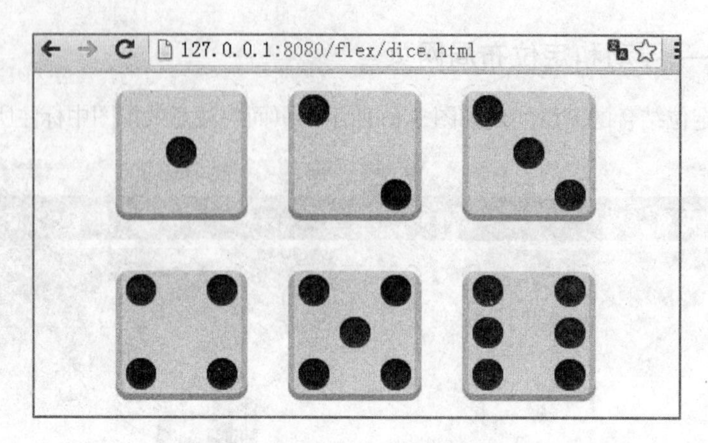

图 3-17　骰子六面布局效果

3.7　网页布局案例分析

利用浮动方式布局网页时需要解决块状元素的水平居中和容器的自适应等问题。

3.7.1　块状元素水平居中问题

DOCTYPE 是 DOCUMENT TYPE 的缩写，即文档类型，它用来指明网页所遵循的规范及规范的版本，告诉浏览器使用什么样的 HTML 或 XHTML 规范来解析 HTML 文档。<！DOCTYPE>声明要位于 HTML 文档中的第一行，即处于<html>标签之前，DOCTYPE 不存在或格式不正确会导致文档以兼容模式呈现。

HTML 4.01 中的 DOCTYPE 需要对 DTD 进行引用，因为 HTML 4.01 基于 SGML，SGML 是标准通用标记语言，如可以写作：

```
<! DOCTYPE HTML PUBLIC "-//W3C//DTD HTML 4.0//EN">
```

HTML 5 不基于 SGML，因此不需要对 DTD 进行引用，但是需要 DOCTYPE 来规范浏览器的行为，写作：

```
<! DOCTYPE HTML>
```

如果在 HTML 文档第一行没有写 DOCTYPE 声明，文档将以兼容模式呈现，在兼容模式下 margin：0 auto 设置块状元素水平居中会失效，所以文档第一行要写上形式完整的 DOCTYPE 声明。

3.7.2　标签重置问题

如果针对一个 HTML 文件没有专门设计一个 CSS 文件对其进行修饰，那么该文件在被不同的浏览器解释时，遇到同一个块状元素，显示出来的边距（margin 和 padding）效果有可能不同。因为当一个页面在浏览器被加载后，发现没有 CSS 文件，那么浏览器就会自动调用它自带的 CSS 文件，不同的浏览器自带的 CSS 文件有所区别，对同一标签定义的样式有可能不同，所以得到的效果可能有差别，比如<div>标签在 IE 浏览器和 Firefox 浏览器下与<body>之间的间距不同。

如果想让页面在不同的浏览器显示出来的效果都是一样的，就需要对HTML进行标签重置。假如在CSS文件中第一行写body，div，p，ul，li {margin：0；padding：0；}，即表明这些标签在不同浏览器解释时原有的边距皆被重置为0，去除了自带CSS边距的影响，这样使得这些标签的最初显示效果相同，后续就可以编写CSS代码进行统一修饰了。

3.7.3　超链接宽度和高度设置问题

HTML标签分为块状元素和内联元素，块状元素一般是其他元素的容器，可容纳内联元素和其他块状元素。块状元素不允许其他元素与其位于同一行，块状元素的宽度（width）和高度（height）都能发挥作用，标签<div>和<p>属于块状元素。内联元素只能容纳文本或者其他内联元素，它允许其他内联元素与其位于同一行，内联元素的宽度（width）和高度（height）不起作用，超链接标签<a>是内联元素。

内联元素的大小仅随内部文本或者其他内联元素变化而变化。如果要让定义好的宽度和高度对内联元素起作用，就需要把内联元素转化为块状元素，一旦具有块状元素的特性，宽度和高度也就可以发挥作用了，即给内联元素加上属性display：block就可以解决宽度高度无效问题。另外，<img>标签是一个特殊的内联元素，它允许其他图片与其位于同一行，有宽度和高度。

3.7.4　overflow：hidden的使用问题

网页布局时，大版块会包含小版块，即大容器包含小容器。当大容器设置为固定高度和宽度，小容器高度小于大容器高度时，会被大容器正常包含并显示。当大容器设置为固定高度和宽度，小容器高度大于大容器高度时，小容器会超出大容器包含范围，这时在大容器需要设置overflow：hidden，隐藏所包含的小容器超出大容器的部分，使得超出部分不予显示。当大容器仅设置宽度，没有设置高度，为了自适应小容器的高度，即使大容器的高度能够随着小容器的高度变化而变化，需要为大容器设置overflow：hidden。

3.7.5　段落首行文字缩进问题

CSS中的text-indent属性规定文本块中首行文本的缩进。如果CSS代码中有text-indent：2em，表明该段落首行缩进两个文字的宽度，1em等于当前的字体尺寸，2em等于当前字体尺寸的两倍。如果某元素以12px显示，那么2em是24px。CSS中em是非常有用的单位，它可以自动适应用户所使用的字体。text-indent属性只能加在块状元素上面，内联元素是不起作用的。

3.7.6　弹性盒子布局骰子平面

骰子每个面用div元素表示，是弹性容器；每个面上的点由div元素包含的span元素表示，是弹性项目。如果有多个项目，就要添加多个span元素，比如有5个点，则需要5个span元素，结构代码如下：

```
<div class = "fifth-face" >
  <div class = "column" >
```

```
      <span class = "pip" > </span >
      <span class = "pip" > </span >
    </div >
    <div class = "column" >
      <span class = "pip" > </span >
    </div >
    <div class = "column" >
      <span class = "pip" > </span >
      <span class = "pip" > </span >
    </div >
  </div >
```

该面（容器）包含三个列（项目）：第一列包含两个点，第二列包含一个点，第三列包含两个点。将该面设置为弹性布局，并要求三列两端对齐和间隔相等。CSS 代码如下。

```
.fifth-face
{
  display: flex;
  justify-content: space-between;
}
```

实现效果如图 3-18 所示。

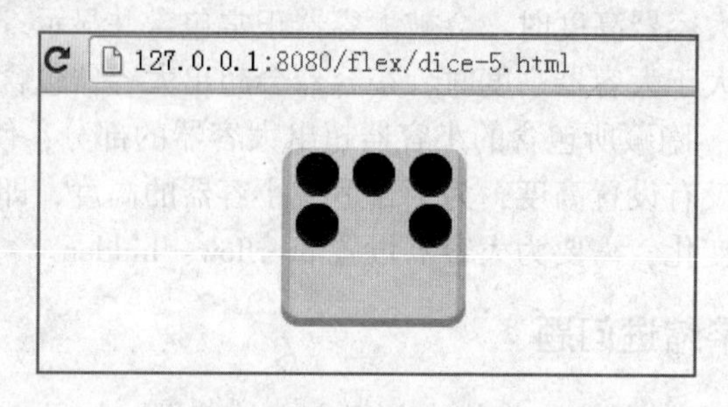

图 3-18　设置 div 属性值后效果

每个列（容器）又包含 span 元素（项目），将列设置为弹性布局，flex-direction 设主轴为垂直方向（即项目的排列方向），设置每列“黑点”（项目）的对齐方式为上下两端对齐并间隔相等。CSS 代码如下：

```
.fifth-face.column
{
  display: flex;
  flex-direction: column;
  justify-content: space-between;
}
```

实现效果如图 3-19 所示。

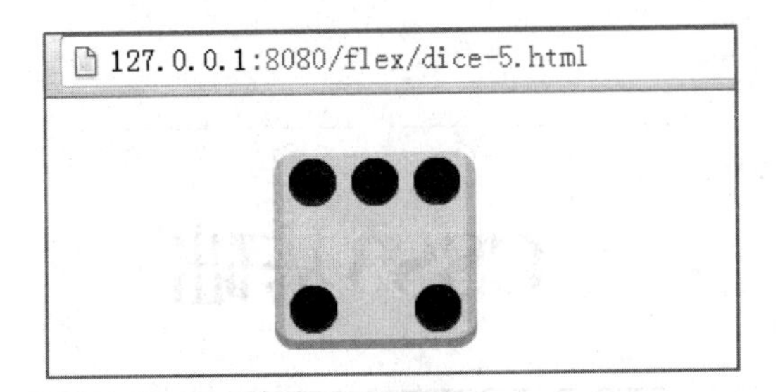

图 3-19　设置 column 属性值后效果

将第二列的项目单独设置为沿此时的主轴方向（垂直方向）居中，CSS 代码如下：

```
.fifth-face.column:nth-of-type(2)
{
  justify-content: center;
}
```

最终实现效果如图 3-20 所示。

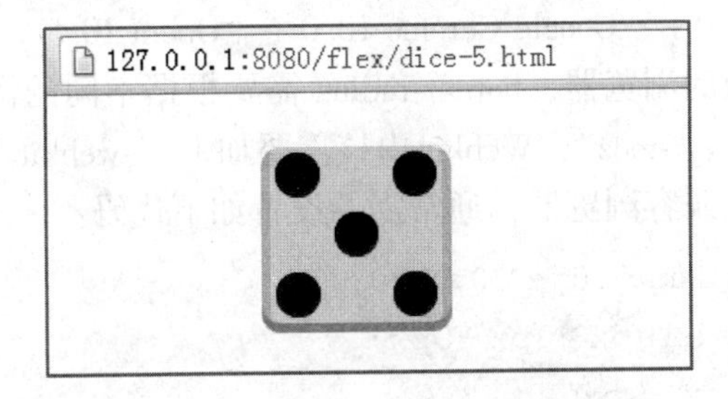

图 3-20　第二列的项目单独设置后效果

第4章

CSS3基础

CSS3 是 CSS 技术的升级版本，增加了一些新的模块，它完全向后兼容，不必改变现有的设计，当前的浏览器都支持 CSS2。

4.1 边框

CSS3 可以创建圆角边框，使用 border-radius 属性可以给任何元素制作“圆角”。

Firefox4. 0 + 、Safari5. 0 + 、Google Chrome 10. 0 + 、Opera 10. 5 + 、IE9 + 支持 border-radius 标准语法格式。对于老版的浏览器，border-radius 需要根据不同的浏览器内核添加不同的前缀，Mozilla 内核需要加上“-moz”，Webkit 内核需要加上“-webkit”等，IE 和 Opera 没有私有格式，为了最大限度地兼容浏览器，通常需要设置如下代码：

```
-webkit-border-radius: 10px 20px 30px;
-moz-border-radius: 10px 20px 30px;
border-radius: 10px 20px 30px;
```

将标准形式写在浏览器私有形式之后。

1）如果在 border-radius 属性中只指定一个值，那么将生成 4 个圆角，如 border-radius：25px。

2）如果在 border-radius 属性中指定四个值，那么第一个值为左上角，第二个值为右上角，第三个值为右下角，第四个值为左下角，如 border-radius：15px 50px 30px 5px。

3）如果在 border-radius 属性中指定三个值，那么第一个值为左上角，第二个值为右上角和左下角，第三个值为右下角，如 border-radius：15px 50px 30px。

4）如果在 border-radius 属性中指定两个值，那么第一个值为左上角与右下角，第二个值为右上角与左下角，如 border-radius：15px 50px。

示例代码如下：

```
<! DOCTYPE html >
<html >
<head >
<meta charset = "utf-8" >
<title >border-radius </title >
<style >
 img{border-radius:30px;margin:100px;}
```

```
</style>
</head>
<body>
<img src="images/photo.jpg" width="300px">
</body>
</html>
```

运行效果如图4-1所示。

图4-1 border-radius属性指定一个值效果

如果border-radius属性在斜杠之前和之后给出了值，则斜杠之前的值设置水平半径，斜杠之后的值设置垂直半径。

border-radius：50px/15px定义了椭圆的每个外边框的边缘角落的形状，第一个值是水平半径50px，第二个是垂直半径15px，如果省略第二个值，则从第一个复制。示例CSS代码如下：

```
.div1
{
width: 200px; height: 100px;
border-radius: 0px 50px 32px/28px 50px 70px;
}
.div2
{
width:100px; height: 200px;
border-radius: 26px 106px 162px 32px/28px 80px 178px 26px;
}
.div3
{
width:100px;height: 200px;
border-radius: 20px 50px/ 20px 50px;
}
```

运行效果和分析如图4-2所示。

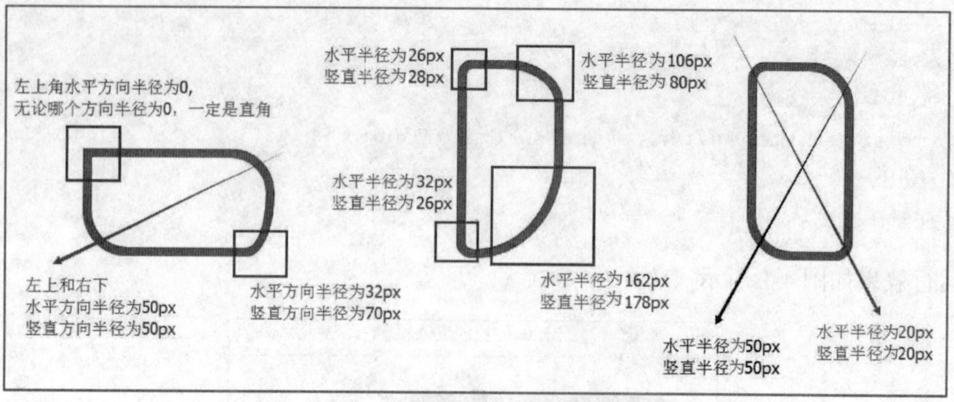

图 4-2　border-radius 设置边框效果分析

border-radius：10%/50% 定义了椭圆的每个外边框的边缘角落的形状，第一个值是占边框方框宽度的百分比，第二个值是占边框方框高度的百分比。示例 CSS 代码如下：

```
.circle
{
width: 50px;
height: 50px;
-webkit-border-radius:50%;
-moz-border-radius:50%;
border-radius: 50%;
}
.elipse
{
width: 50px;
height: 100px;
-webkit-border-radius:50%;
-moz-border-radius:50%;
border-radius: 50%;
}
```

运行效果如图 4-3 所示。

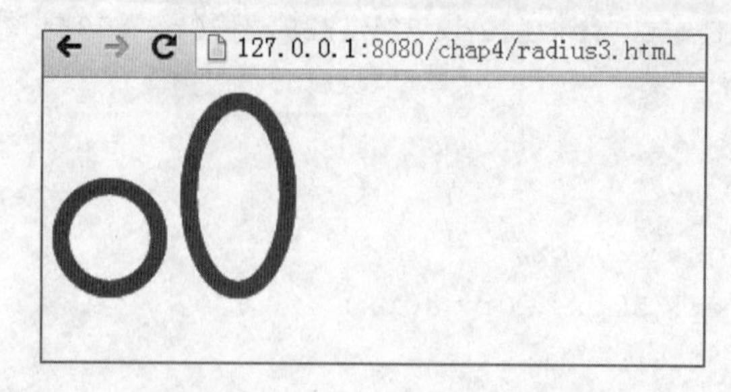

图 4-3　border-radius 属性值百分比效果

CSS3 中的 box-shadow 属性被用来添加阴影，可以设置一个或多个下拉阴影的框。

格式：`box-shadow: h-shadow v-shadow blur spread color inset;`

其中 h-shadow 值必需，表示水平阴影的位置（元素水平移动距离），允许负值；v-shadow 值必需，表示垂直阴影的位置（元素垂直移动），允许负值；blur 值可选，表示模糊距离；spread 可选，表示阴影的大小；color 值可选，表示阴影的颜色；inset 值可选，从外层的阴影（开始时）改变阴影内侧阴影。示例 CSS 代码如下：

```
div
{
  width:310px;
  height:200px;
  background:url(images/solution.png);
  box-shadow: 20px 20px 5px #888888;
}
```

运行效果如图 4-4 所示。

图 4-4　box-shadow 属性添加阴影

CSS3 的 border-image 属性使用图像创建边框。border-image 属性用于设置 border-image-source、border-image-slice、border-image-width、border-image-outset 和 border-image-repeat 的值，省略的值设置为它们的默认值，默认值是 none、100%、1、0、stretch。border-image-source 指定绘制边框的图像位置，border-image-slice 指定图像边界向内偏移，border-image-width 指定图像边界的宽度，border-image-outset 指定在边框外部绘制 border-image-area 的量，border-image-repeat 设置图像边界是否重复（repeat）、拉伸（stretch）或铺满（round）。

border-image-slice 表示图片剪裁位置，可以是数值，没有单位，专指像素。例如 border-image：url（border. png）27 repeat，27 专指 27 像素；也可以是百分比值，相对边框图片而言，如边框图片大小为 400px × 300px，则 20% 的实际效果就是剪裁了图片的 60px、80px、60px、80px 的四边大小。

border-image：url（border. png）30% 35% 40% 30% 表示在距离图片上部 30% 处，右边 35% 处，底部 40% 处，左边 30% 处对图片进行了“四刀切”，形成了 9 个分离的区域，如图 4-5 所示。

border-image-repeat 参数可选 0 ~ 2 个。

1）0 个参数表示使用默认值 stretch，如 border-image：url（border. png）30% 40% 等同于 border-image：url（border. png）30% 40% stretch stretch。

2）1 个参数表示水平方向及垂直方向均使用此参数，如 border-image：url（border. png）30% 等同于 border-image：url（border. png）30% 30% stretch stretch。

3）2 个参数，第一个参数表示水平方向，第二个参数表示垂直方向，如 border-image：url（border. png）30% 40% round repeat 表示水平方向 round（平铺），垂直方向repeat（重复）。

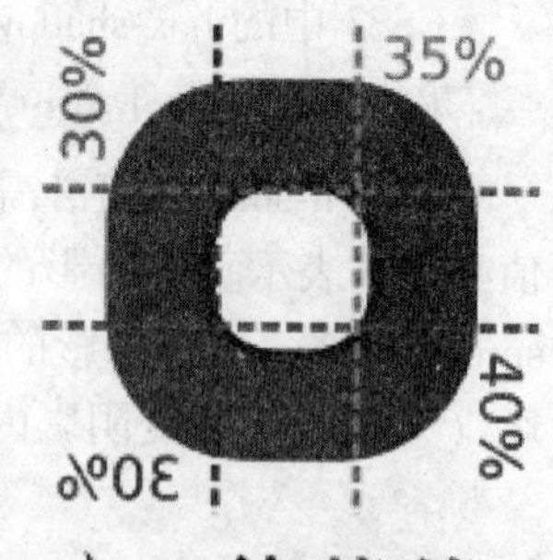

图 4-5　border-image-slice 示意

border-image 分成九部分：border-top-image、border-right-image、border-bottom-image、 border-left-image、 border-top-left-image、 border-top-right-image、border-bottom-left-image、border-bottom-right-image 以及中间的内容区域，如图 4-6 所示。

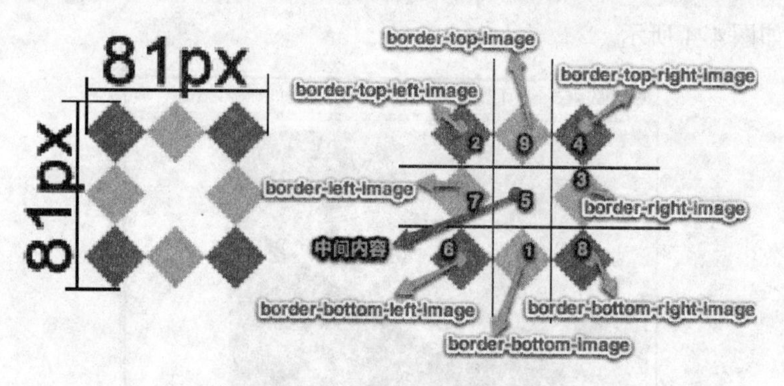

图 4-6　背景图九宫格

四个边角的菱形区域称为“角边框图片”，不会平铺，不会重复，也不会拉伸。四边区域和中心区域的水平和垂直方向进行拉伸、重复或平铺，如图 4-7 所示。

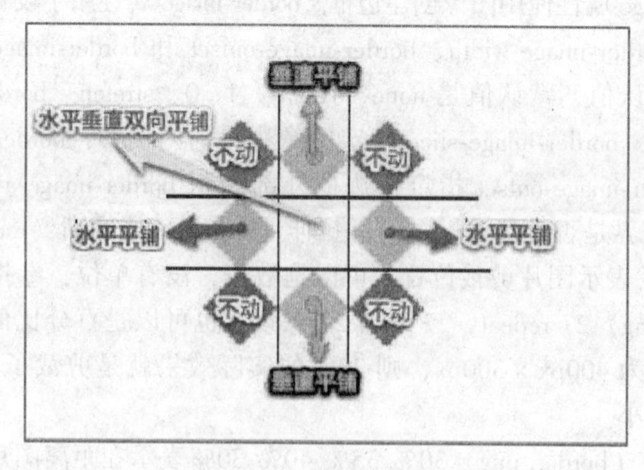

图 4-7　border-image-repeat 示意

示例 CSS 代码如下：

```
#borderimg
{
    width:420px;
    height:100px;
    border:1em double orange;
    border-image:url(images/border.png)27;
}
#borderimg2
{
    width:420px;
    height:100px;
    border:1em double orange;
    border-image:url(images/border.png)27 round;
}
#borderimg3
{
    width:420px;
    height:100px;
    border:1em double orange;
    border-image:url(images/border.png)27 repeat;
}
```

运行效果如图 4-8 所示。

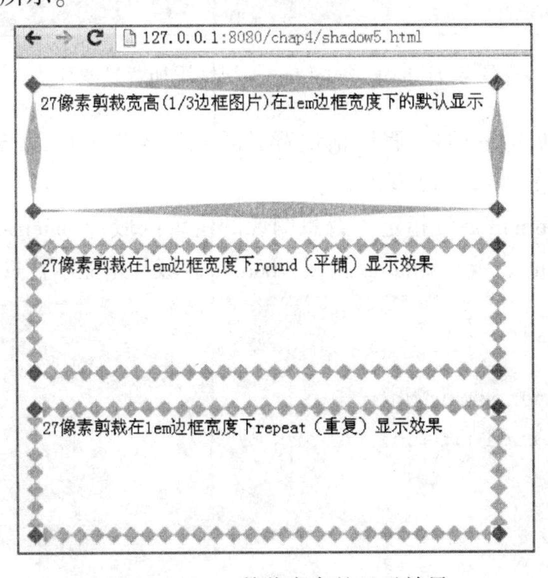

图 4-8　27px 剪裁宽高的显示效果

由图 4-8 可见，round 会压缩（或伸展）图片大小使其正好在区域内显示，而 repeat 是居中重复，有可能使边角处图片部分被截取。

4.2 背景

CSS3 可以通过 background-image 属性添加背景图片。元素的背景图片包括填充和边界(但不包括边距)，背景颜色包括边距，不同的背景图像和图像用逗号隔开，所有的图片中显示在最顶端的为第一张。示例 CSS 代码如下：

```
#bgimage
{
    background-image: url(images/img_flwr.gif), url(images/paper.gif);
    background-position: right bottom, left top;
    background-repeat: no-repeat, repeat;
    padding: 15px;
}
```

运行效果如图 4-9 所示。

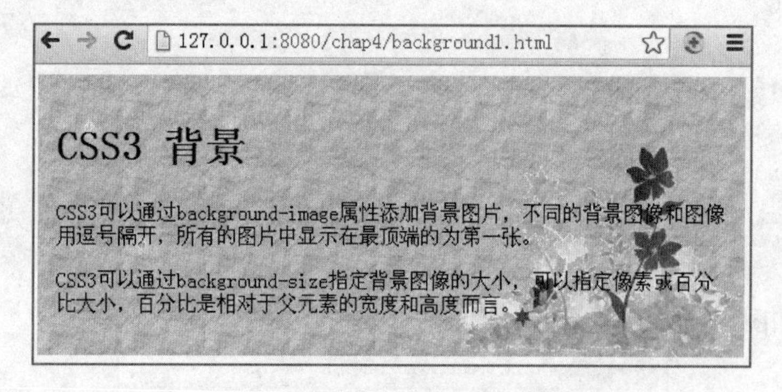

图 4-9　background-image 属性添加背景图片

CSS3 可以通过 background-size 属性指定背景图像的大小，可以指定像素或百分比大小，百分比是相对于父元素的宽度和高度而言。

CSS3 的 background-origin 属性指定了背景图像的位置区域，content-box、padding-box 和 border-box 分别表示从 content 区域、padding 区域、border 区域开始显示背景。示例 CSS 代码如下：

```
#div2
{
    float:left;margin-right:20px;
    background-origin:padding-box;
}
#div3
{   float:left;
    background-origin:content-box;
}
```

运行效果如图 4-10 所示。

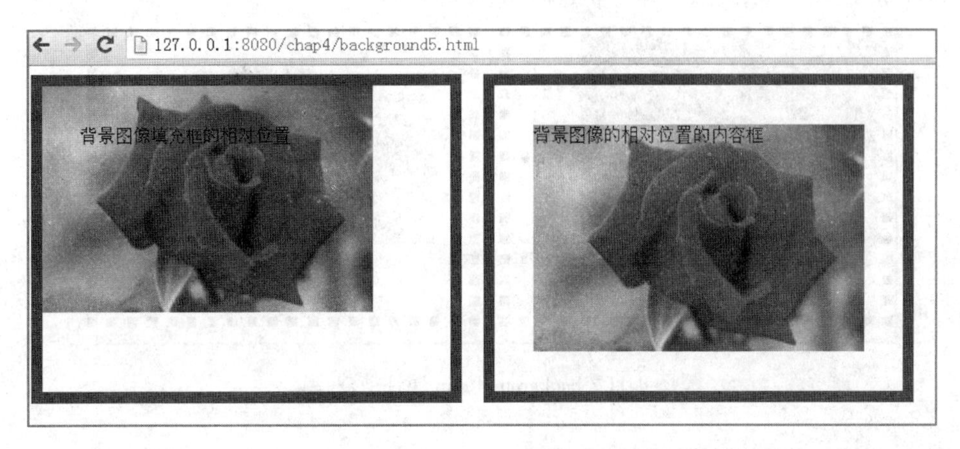

图 4-10 background-origin 属性指定背景图像位置区域

CSS3 中 background-clip 属性是从指定位置开始绘制，背景图片默认从 padding 开始放置，如果设置 content-box 表示将图片所占的 padding 部分截取掉，背景图片从 content 开始放置。示例 CSS 代码如下：

```
#example2
{
    float:left;
    width:300px;
    height:200px;
    border: 10px dotted black;
    padding:35px;
    background:url(images/flower.jpg)no-repeat;
    background-clip: padding-box;
  margin-right:20px;
}
#example3
{
    float:left;
    width:300px;
    height:200px;
    border: 10px dotted black;
    padding:35px;
    background:url(images/flower.jpg)no-repeat;
    background-clip: content-box;
}
```

运行效果如图 4-11 所示。

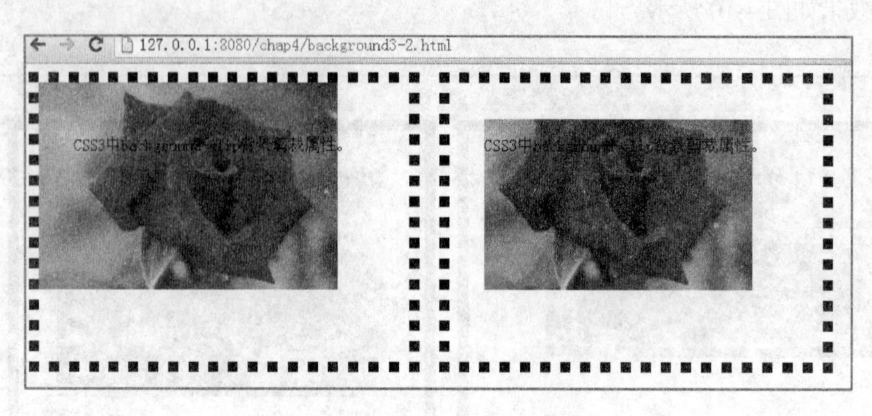

图 4-11 background-clip 属性剪裁背景

4.3 渐变

CSS3 渐变（gradients）可以在两个或多个指定的颜色之间显示平稳的过渡，以前必须使用图像来实现这些效果。通过使用 CSS3 渐变，可以减少下载的事件和宽带的使用，渐变效果的元素在放大时看起来效果更好。

CSS3 定义了两种类型的渐变：

1）线性渐变（Linear Gradients）——向下、向上、向左、向右、对角方向。

2）径向渐变（Radial Gradients）——由中心定义。

创建一个线性渐变，必须至少定义两种颜色结点（呈现平稳过渡的颜色），也可以设置一个起点和一个方向（或一个角度），默认情况下线性渐变从上到下。示例 CSS 代码如下：

```
#grad1
{
    height:30px;
    background: linear-gradient(red, blue);
}
#grad2
{
    height:30px;
    background: linear-gradient(to right, red, blue);
}
#grad3
{
    height:60px;
    background: linear-gradient(to bottom right, red, blue);
}
```

运行效果如图 4-12 所示。

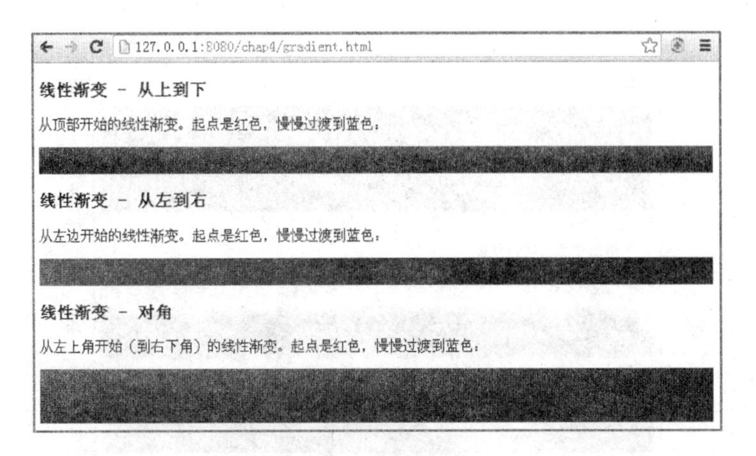

图4-12 线性渐变显示效果一

可以定义一个角度以便在渐变的方向上做更多的控制。角度是指水平线和渐变线之间的角度，逆时针方向计算，0deg将创建一个从下到上的渐变，90deg将创建一个从左到右的渐变。可以创建带有多个颜色结点的从上到下的线性渐变，也可以创建一个带有彩虹颜色和文本的线性渐变，示例CSS代码如下：

```
#grad1
{
    height: 100px;
    background: linear-gradient(0deg, red, blue);
}
#grad2
{
    height: 100px;
    background: linear-gradient(90deg, red, blue);
}
#grad3
{
    height: 100px;
    background: linear-gradient(red, orange, yellow, green, blue, indigo,
violet);
}
#grad4
{
    height: 55px;
    background: linear-gradient(to right, red, orange, yellow, green,
blue, indigo, violet);
}
```

运行效果如图4-13所示。

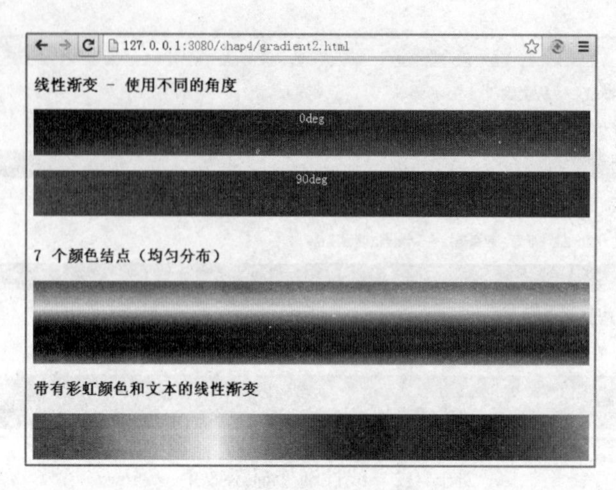

图 4-13　线性渐变显示效果二

CSS3 渐变也支持透明度（transparent），可用于创建减弱变淡的效果。为了添加透明度，使用 rgba( ) 函数来定义颜色结点。rgba( ) 函数中的最后一个参数可以是 0～1 的值，它定义了颜色的透明度：0 表示完全透明，1 表示完全不透明。repeating-linear-gradient( ) 函数用于重复线性渐变。示例 CSS 代码如下：

```
#grad1
{
    height: 100px;
    background: linear-gradient(to right, rgba(255,0,0,0), rgba(255,0,0,1));
}
#grad2
{
    height: 100px;
    background: repeating-linear-gradient(red, yellow 10%, green 20%);
}
```

运行效果如图 4-14 所示。

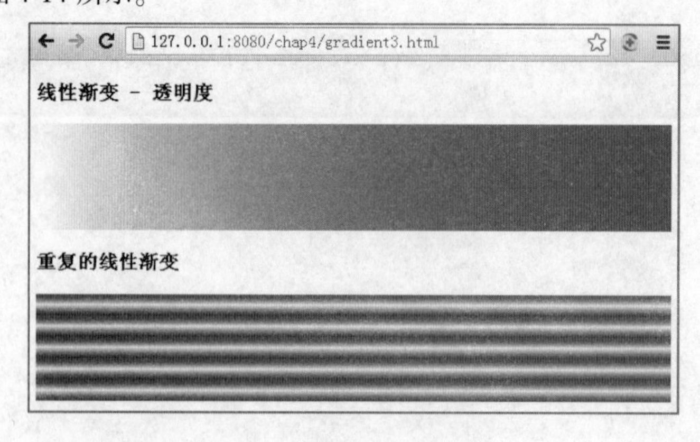

图 4-14　线性渐变显示效果三

创建一个径向渐变，必须至少定义两种颜色结点，也可以指定渐变的中心、形状（圆形或椭圆形）、大小。默认情况下，渐变的中心是 center（表示在中心点），渐变的形状是 ellipse（表示椭圆形），渐变的大小是 farthest-corner（表示到最远的角落）。repeating-radial-gradient( )函数用于重复径向渐变。示例 CSS 代码如下：

```
#grad1
{
    height: 100px;
    width: 150px;
    background: radial-gradient(red, yellow, green);
}
#grad2
{
    height: 100px;
    width: 150px;
    background: radial-gradient(circle, red, yellow, green);
}
#grad3
{
    height: 100px;
    width: 150px;
    background: repeating-radial-gradient(red, yellow 10%, green 15%);
}
```

运行效果如图 4-15 所示。

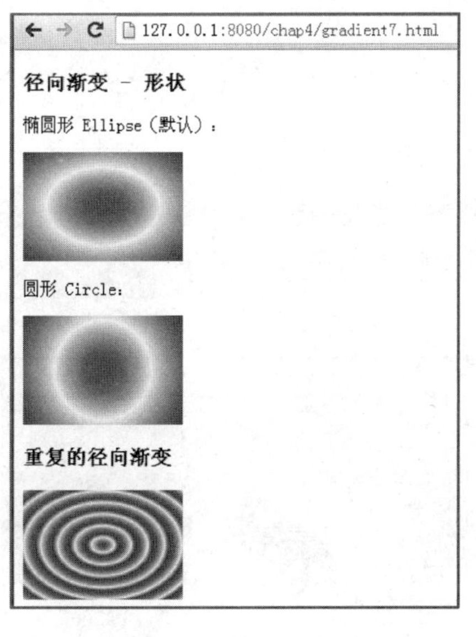

图 4-15　径向渐变显示效果

4.4 2D 转换

CSS3 转换是指移动、缩放、旋转元素，让该元素改变位置、大小和形状，可以对元素实施 2D 和 3D 转换。

translate（x，y）方法可以根据左部（X 轴）和顶部（Y 轴）位置给定的参数，从当前元素位置移动；translateX（n）方法将元素沿着 X 轴移动；translateY（n）方法将元素沿着 Y 轴移动。例如 transform:translate(50px,100px)是将元素从左向右移动 50 像素和从顶部往下移动 100 像素。

rotate()方法有一个参数，表示要旋转的度数，正数表示顺时针旋转，负数表示逆时针旋转，在要旋转的度数后面添加 deg，如 transform:rotate(50deg)表示将元素顺时针旋转 50°。

scale()方法有两个参数，没有单位，分别表示宽度和高度放大或缩小的倍数，大于 1 表示放大，小于 1 表示缩小，如 transform:scale(2,2)表示将元素的宽度和高度都放大为两倍。

示例 CSS 代码如下：

```
*
{  margin:0;
   padding:0;
}
#picture
{
   width:100%;
   height:500px;
   background:#ccc;
}
img
{
   margin:0;
   transform:translate(30px,30px)scale(0.5,0.5)  rotate(50deg);
}
```

运行效果如图 4-16 所示。

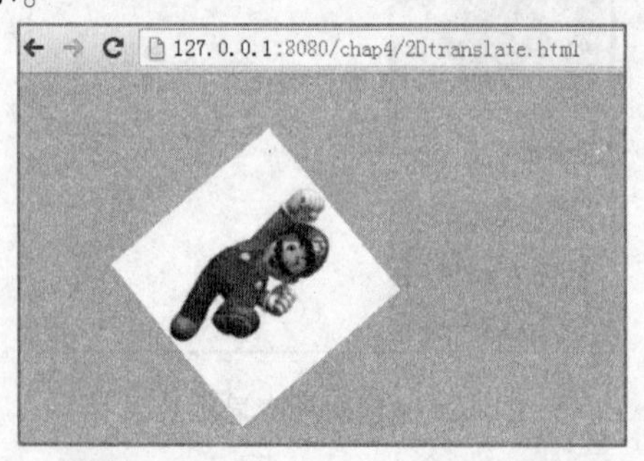

图 4-16　移动、缩放、旋转元素效果

skew( )是使元素倾斜变形的方法，包含两个参数值，分别表示 X 轴和 Y 轴倾斜的角度，如果第二个参数为空，则默认为 0，参数为负表示向相反方向倾斜。CSS3 的斜切坐标系和数学中的坐标系不一样，斜切原点为左上角，横向为 Y 轴，纵向为 X 轴；X 轴逆时针倾斜为正，保持元素顶部水平；Y 轴顺时针倾斜为正，保持元素左边垂直，如图 4-17 所示。

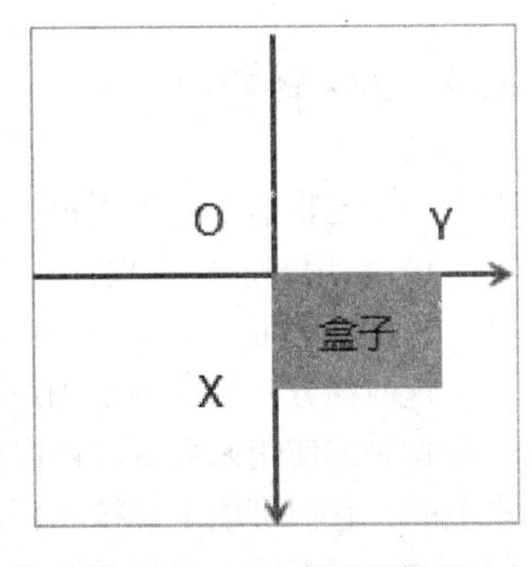

图 4-17　CSS3 斜切坐标系

transform-origin 属性的作用是在进行 transform 动作之前可以改变元素的基点位置，元素默认基点就是其中心位置，当元素相对于中心点被偏移、旋转、缩放或倾斜时，该属性规定这些方法将哪个点作为原点。

1）transform-origin：0 0；语句表示以元素左上角为原点。

2）transform-origin：100% 0；语句表示以元素右上角为原点。

3）transform-origin：0 100%；语句表示以元素左下角为原点。

4）transform-origin：100% 100%；语句表示以元素右下角为原点。

如果不设定这个属性，那么默认值为 transform-origin：50% 50%，即以中心作为变换的基点。示例 CSS 代码如下：

```
.img1
{
    transform:skew(20deg,0);}
.img2
{
    transform:skew(0,20deg);
}
.img3
{
    transform:skew(20deg,20deg);
}
```

运行效果如图 4-18 所示。

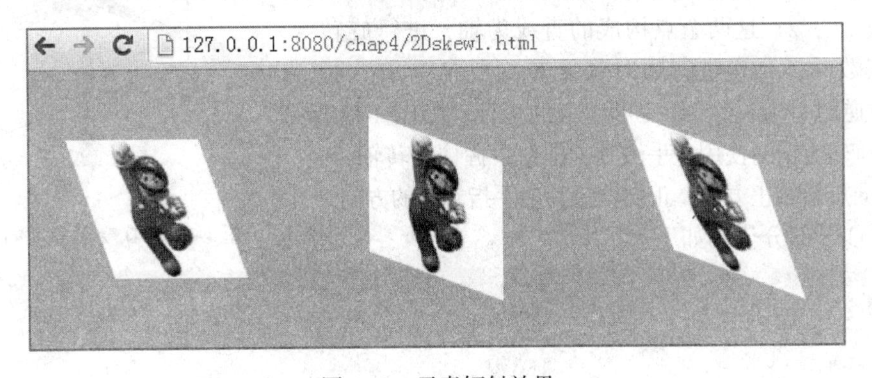

图 4-18　元素倾斜效果

4.5 3D 转换

一个元素需要一个透视点才能激活 3D 空间，有两种方法可以得到透视点。

1）使用 transform 属性，以 perspective（）函数作为值，如 transform：perspective（600）。

2）使用 perspective 属性，如 perspective：600px。

这两种方法都能触发 3D 空间，但有所不同。

首先，使用函数方式可以方便快捷地对单一元素应用 3D 变形，但是当要应用在多个元素上时，它们可能不会按照预期的效果排列。如果使用同样的 transform 属性应用在多个不同位置的元素上，则每个元素都有自己的消失点。透视函数 perspective( ) 是 transform 变形函数的一个属性值，应用于变形元素本身，参数是长度值，长度值只能是正数，由于 transform 属性是从前向后的顺序解析属性值的，所以一定要把 perspective( ) 函数写在其他变形函数前面，否则将没有透视效果。

为了避免这种情况，使用 perspective 属性应用在它们的父容器元素上，这样每个元素都共享了同一个消失点。perspective 属性的值决定了 3D 效果的强度，是眼睛和 3D 物体之间的距离，距离越远，数值越大，透视感越弱；距离越近，数值越小，透视感越强。一般地，perspective 属性只能设置在变形元素的父级或祖先级，因为浏览器会为其子级的变形产生透视效果，但并不会为其自身产生透视效果。

透视原点 perspective-origin 是指观察者的位置。一般地，观察者位于与屏幕平行的另一个平面上，观察者始终是与屏幕垂直的。观察者的活动区域是被观察元素的盒模型区域。默认情况下，3D 空间的消失点位于空间的正中央，可以通过 perspective-origin 属性改变消失点的位置，如 perspective-origin：25% 75%。perspective-origin 属性必须定义在设置 perspective 的元素上，即设置在元素的父元素或祖先元素上。

transform 属性的 3D 旋转函数主要包括 rotateX( )、rotateY( )、rotateZ( )、rotate3d( )。如果给定度数为正数，则 rotateX( )使元素从下向上旋转，rotateY( )使元素从左向右旋转，rotateZ( )使元素以中心为原点，顺时针旋转。rotate3d（x，y，z，Ndeg）中 x、y、z 分别用来描述围绕 X、Y、Z 轴旋转的矢量值，最终变形元素沿着由（0，0，0）和（x，y，z）这两个点构成的直线为轴，进行旋转；当 N 为正数时，元素进行顺时针旋转；当 N 为负数时，元素进行逆时针旋转。3D 变形参考的坐标轴如图 4-19 所示，判定旋转方向时使用左手法则，即左手握住旋转轴，竖起拇指指向旋转轴正方向，正向就是其余手指卷曲的方向。

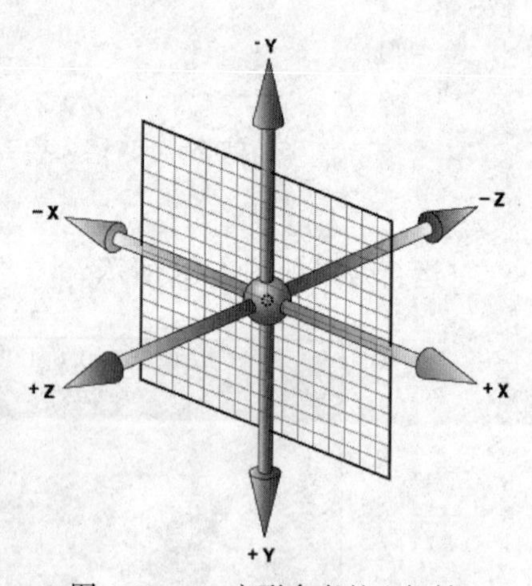

图 4-19　3D 变形参考的坐标轴

示例 CSS 部分代码如下：

```
#div1
{
float:left;
```

```
margin-right:10px;
border:2px solid gray;
}
#div11
{
perspective:200px;
transform:rotateX(45deg);
width:100px;
height:100px;
border:1px solid black;
background-color:pink;
}
#div2
{
perspective:200px;
float:left;
margin-right:10px;
border:2px solid gray;
}
#div21
{
transform: rotateX(45deg);
width:100px;
height: 100px;
border:1px solid black;
background-color:lightblue;
}
```

运行效果如图 4-20 所示。

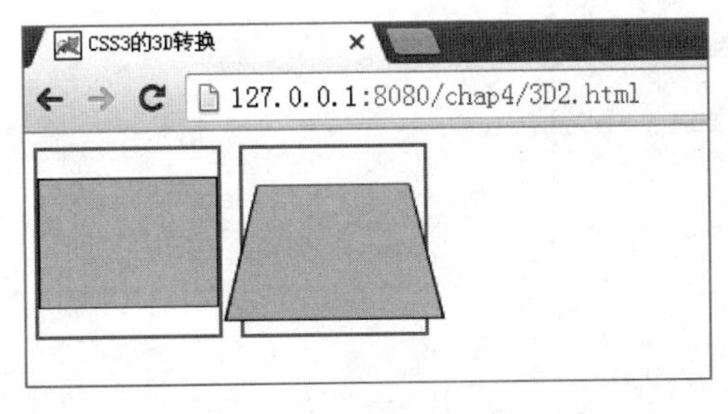

图 4-20　父级元素设置透视效果

3D 转换中的 backface-visibility 属性决定元素旋转背面是否可见，对于未旋转的元素，该元素是正面面向观察者的，但是当其围绕 Y 轴旋转约 180°时会导致元素的背面面对用户。默认情况下，背面可见，这意味着即使在翻转后，旋转的内容仍然可见，当 backface-visibility 设置为 hidden 时，旋转后内容将隐藏，设为 visible 表示可见。

transform-style 属性允许变形元素及其子元素在 3D 空间中呈现。变形风格有两个值，flat 是默认值，表示 2D 平面；perserve-3d 表示 3D 透视空间，当设置了 overflow 非 visible 或 clip 非 auto 时，transform-style:preserve-3d 失效。一般而言，为了让所有后代元素都继承父元素的透视效果并在同样的 3D 空间中生效，父元素需要通过 transform-style:preserve-3d 来传递它的透视属性。

示例 CSS 部分代码如下：

```
.container
{
  position:relative;
  perspective:800px;
  width:200px;
  height:260px;
  margin: 40px auto 40px;
  border: 1px solid #CCC;
}
#card
{
  position:absolute;
  transform-style:preserve-3d;
  transition:1s;
  width:100%;
  height:100%;
}
#card:hover
{
   transform: rotateY(180deg);
}
#card figure
{
  backface-visibility:hidden;
  display:block;
  position:absolute;
  width:100%;
  height:100%;
  line-height: 260px;
  color: white;
  text-align: center;
  font-weight: bold;
```

```
  font-size: 140px;
}
#card.front
{
  background:red;
}
#card.back
{
  transform:rotateY(180deg);
  background:blue;
}
```

运行效果如图4-21所示。

CSS3中3D位移函数有translateZ()和translate3d()。translate3d(x,y,t)函数使一个元素在三维空间移动，使用三维向量的坐标定义元素在每个方向移动多少，其中x代表横向坐标位移向量的长度，y代表纵向坐标位移向量的长度，t代表Z轴位移向量的长度。当Z轴值越大时，元素离观察者更近，从视觉上元素就变得更大；反之其值越小时，元素离观察者更远，从视觉上元素就变得更小。

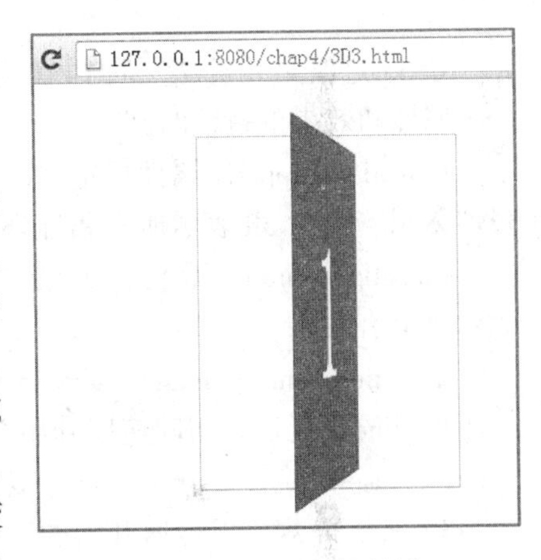

图4-21　翻转卡片效果

translateZ(t)函数的功能是让元素在3D空间沿着Z轴进行位移，在实际使用中等同于translate3d(0,0,t)，当t为负值时，元素在Z轴越移越远，导致元素变得较小。反之，当其值为正值时，元素在Z轴越移越近，导致元素变得较大。

translateZ()和translate3d（0，0，tz）变形发生在Z轴，通常创建3D立方体时需要使用位移函数在Z轴上移动元素。

示例CSS部分代码如下：

```
.s1 img:nth-child(2)
{
z-index: 2;
transform: translate3d(30px,30px,200px);
}
.s2 img:nth-child(2)
{
z-index: 2;
transform: translate3d(30px,30px,-200px);
}
```

运行效果如图 4-22 所示。

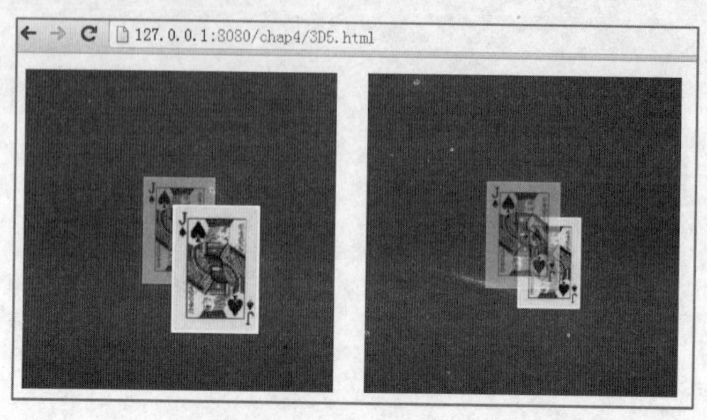

图 4-22 位移函数使用效果

4.6 过渡

CSS3 过渡是元素从一种样式逐渐改变为另一种样式的效果，需要指定要添加效果的 CSS 属性和效果的持续时间。

transition-property 属性指定应用过渡的 CSS 属性的名称，值为 none 表示没有属性会获得过渡效果；值为 all 表示所有属性都将获得过渡效果；多个属性名称以逗号分隔。

transition-duration 属性指定完成过渡效果需要花费的时间（以秒或毫秒计），默认值是 0 表示不会有效果。

transition-timing-function 属性指定切换效果的速度，可取如下值。

1）linear 规定以相同速度开始至结束的过渡效果。

2）ease 规定慢速开始，然后变快，然后慢速结束的过渡效果。

3）ease-in 规定以慢速开始的过渡效果。

4）ease-out 规定以慢速结束的过渡效果。

5）ease-in-out 规定以慢速开始和结束的过渡效果。

transition-delay 属性指定秒或毫秒数之前要等待切换效果开始。

transition 属性是一个速记属性，用于设置上面四个过渡属性值。

示例 CSS 部分代码如下：

```
#div1
{
  background:red;
  transition-property:width,transform;
  transition-duration:1s;
  transition-timing-function:linear;
  transition-delay:2s;
}
#div2
{
```

```
    background:#900;
    transition: width 2s, height 2s, transform 2s;
}
```

运行效果如图 4-23 所示。

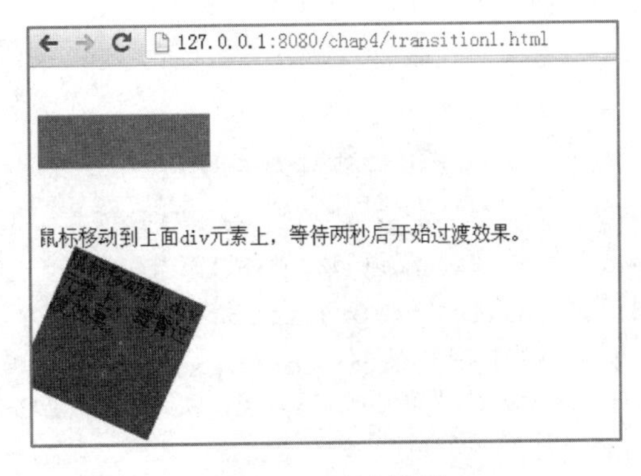

图 4-23　过渡效果

4.7　动画

动画是使元素从一种样式逐渐变化为另一种样式的效果。使用 transition 属性能够实现过渡动画效果，但是不能精细地控制动画过程，比如只能够在指定的时间段内总体控制某一属性的过渡。animation 属性与 keyframes 属性结合可以将指定时间段内的动画划分更为精细一些。keyframes 语法结构如下：

```
@keyframes animationname
{
  keyframes-selector {css-styles;}
}
```

其中 animationname 是声明动画的名称，keyframes-selector 用来划分动画的时长，可以使用百分比形式，也可以使用“from”和“to”的形式。“from”和“to”的形式等价于 0% 和 100%，建议始终使用百分比形式。空的 keyframes 规则是有效的，它们会覆盖前面有效的关键帧规则。

animation 是如下动画属性的简写。

1）animation-name 的属性值是 keyframes 名称。

2）animation-duration 指定完成动画所花费的时间，单位为秒（s）或毫秒（ms）。

3）animation-timing-function 指定动画的速度曲线，与 transition 的 transition-timing-function 相同。

4）animation-delay 指定在动画开始之前的延迟，单位为秒（s）或毫秒（ms），若为负值表示跳过前几秒执行。动画是连续执行多次的情况下，只有第一次执行前才会延迟。

5）animation-iteration-count 指定动画应该播放的次数，默认为 1 次，也可以定义播放次数，如2，3，4，……，以及无限次 infinite。

6）animation-direction 指定是否应该轮流反向播放动画，normal 默认值表示动画按正常播放；reverse 值表示动画反向播放；alternate 值表示动画在奇数次正向播放，在偶数次反向播放；alternate-reverse 值表示动画在奇数次反向播放，在偶数次正向播放。

实现矩形背景色和位置动画的 CSS 代码如下：

```
@ keyframes move
{
  0% {background:red; left:0px; top:0px;}
  25% {background:yellow; left:200px; top:0px;}
  50% {background:blue; left:200px; top:200px;}
  75% {background:green; left:0px; top:200px;}
  100% {background:red; left:0px; top:0px;}
}
div
{
  animation-name:move;
  animation-duration:5s;
  animation-timing-function:linear;
  animation-delay:2s;
  animation-iteration-count:infinite;
  animation-direction:alternate;
  width:100px;
  height:100px;
  background:red;
  position:relative;
}
```

运行效果如图 4-24 所示。

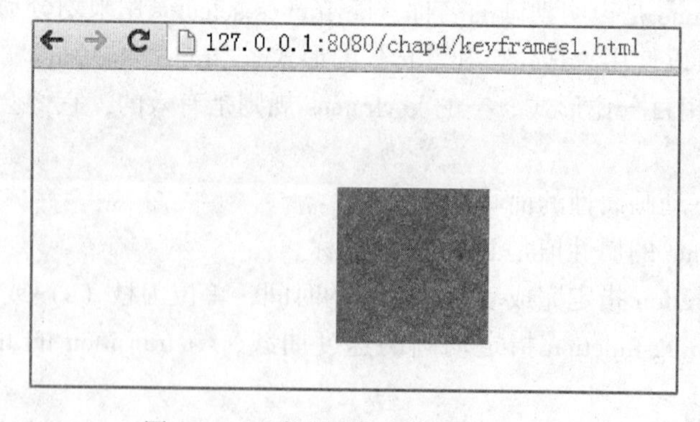

图 4-24　元素背景色和位置改变动画

多个元素同时有动画表现的 CSS 部分代码如下：

```
.container
{
  display: flex;
  flex-direction: row;
  justify-content: space-around;
  background: black;
  height: 670px;
}
.ball
{
    position: relative;
    width: 50px;
    height: 50px;
    margin-top: 40%;
    border-radius: 25px;
}
.ball1{animation: mymove 4s linear infinite;}
.ball2{animation: mymove 4s ease 2s infinite;}
.ball3{animation: mymove 4s ease-in infinite;}
@ keyframes mymove
{
        0%     {top:-100px;background:red;}
        25%    {top:-200px; background:blue;}
        50%    {top:-300px; background:yellow;}
        75%    {top:-400px; background:green;}
        100%   {top:-500px; background:red;}
}
```

运行效果如图 4-25 所示。

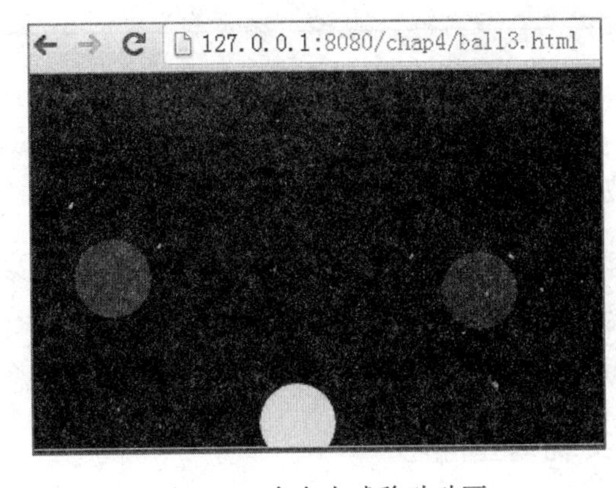

图 4-25　多个小球移动动画

4.8 CSS3 应用案例

案例的目的是让学生熟悉 CSS3 的边框、阴影等属性和掌握使用 CSS3 创建动画。

4.8.1 案例——为段落添加圆角边框

编写程序为一段文字添加左上角边框和右下角边框，效果如图 4-26 所示。

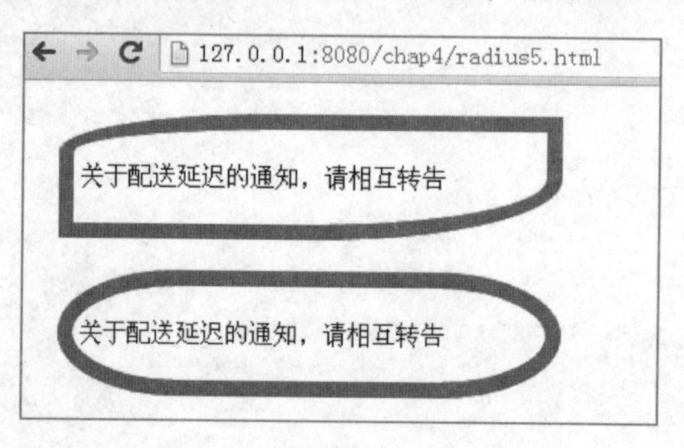

图 4-26　边框应用效果

4.8.2 案例——创建纸质样式卡片

编写代码利用 box-shadow 属性创建纸质样式卡片，效果如图 4-27 所示。

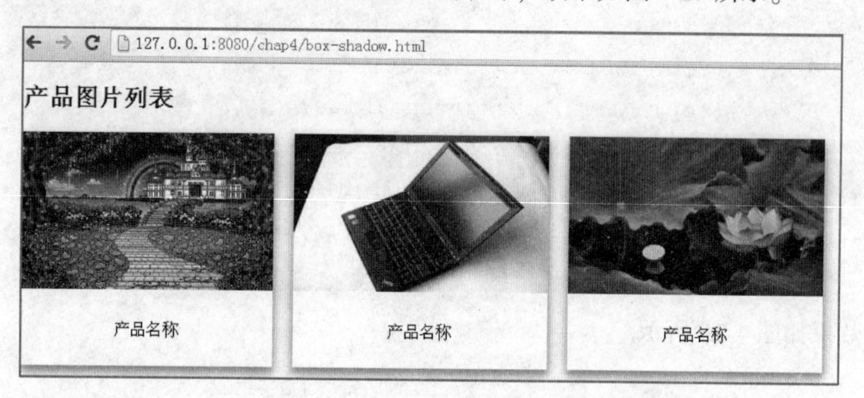

图 4-27　卡片效果

4.8.3 案例——3D 立方体翻转产品信息

要求使用 CSS3 3D 变形制作一个 3D 立方体翻转展示信息的效果，默认情况下只显示产品图片，而产品信息隐藏不可见。当用户鼠标悬浮在产品图像上时，产品图像慢慢向上旋转使产品信息展示出来，而产品图像慢慢隐藏起来，看起来就像是一个旋转的立方体。

4.8.4 案例——动画实现繁星漂移

使用远景星空和近景星星共计三张背景图片，通过改变其背景定位和设置不同的动画持续时间来实现繁星漂移效果，效果如图4-28所示。

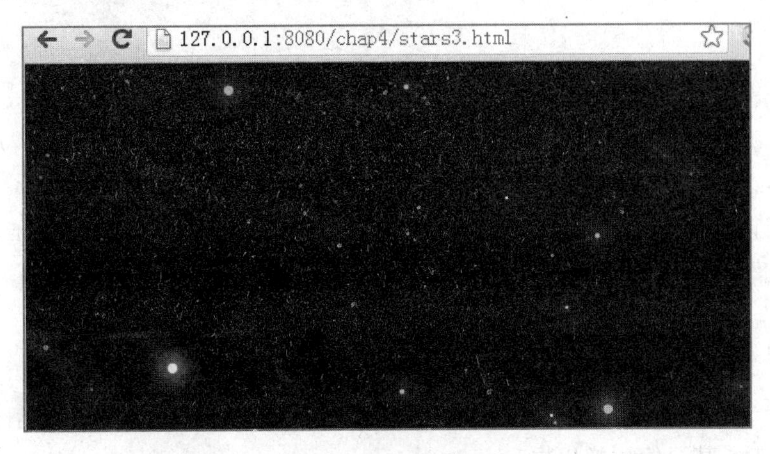

图4-28 繁星漂移效果

4.9 CSS3应用案例分析

使用transform属性的perspective（）函数或者直接使用perspective属性均可触发3D空间，利用关键帧keyframes不断改变图片位置可以产生动画效果。

4.9.1 设置单个圆角边框

border-top-left-radius属性和border-right-radius属性分别定义了左上角的边框形状和右下角边框的形状。

属性值中的两个长度定义了椭圆的1/4外边框的边缘角落的形状。第一个值是水平半径，第二个值是垂直半径。如果省略第二个值，它是从第一个复制。如果任意长度为零，则角落里是方的，不圆润。如果长度用百分比表示，则第一个值是占边框方框宽度的百分比，第二个值是占边框方框高度的百分比。CSS部分代码如下：

```
.para
{
width:300px;
line-height:50px;
padding:5px;
height: 50px;
border-top-left-radius:150px 25px;
/*单个圆角值不会出现'/',用空格分隔,值分别为水平半径和垂直半径*/
border-bottom-right-radius:50% 50%;
/*单个圆角值不会出现'/',用空格分隔,百分比分别指占外边框的宽和高的比例*/
}
.para2
```

```
{
width:300px;
line-height:50px;
padding:5px;
height: 50px;
border-radius:100px/50px;
/*多个圆角值设置可以用'/',前后两个值分别表示所有圆角的水平半径和垂直半径*/
}
```

4.9.2 实现3D旋转立方体

在 Web 设计中有很多方法用来制作产品信息展示，如当鼠标移动到产品图片上时，产品信息滑动出来，甚至使用弹出框。

制作3D立方体翻转需要创建一个多维的数据，两个元素分表代表正面和反面。前面用来放置产品图片，底部用来放置产品信息。默认情况下产品信息隐藏起来，当鼠标悬停在产品图片上时，隐藏在底部的产品信息在 X 轴旋转 -90°和沿着 Z 轴移动，使底部的信息旋转置于顶部，从而达到需要的效果，产品图片隐藏，产品信息显示。

在三维旋转中，常用两个标签分别表示舞台和容器。舞台标签用来设置3D视点 perspective 属性指定用户与画布的视距。舞台 perspective 属性透视值取决于轴的旋转，如果元素围绕 x 轴旋转，则 perspective 值为元素高度值乘以4；如果元素围绕 y 轴旋转，则 perspective 值为元素宽度值乘以4。容器标签一般用来包裹图片和文本信息，当鼠标悬浮在这个容器上时，会沿 X 轴旋转，将产品信息显示出来，生成立方体时各个侧面需要沿着坐标轴移动，移动值应该是立方体高度的一半，即为立方体侧面（正方形）的内切圆半径。

4.9.3 改变背景图片位置

background-position 属性设置背景图像的起始位置，可以用像素值和百分比表示，坐标位置计算公式代码如下：

```
positionX=(容器的宽度-图片的宽度)* percentX;
positionY=(容器的高度-图片的高度)* percentY;
```

当 background-position：100% 100%时，实际定位值就是容器尺寸和图片尺寸的差异，即图片在容器右下角。

通常把包含背景图片的 div 块状元素的 position 设为 absolute，并分别设置上左下右四个方面距离为0px，可以将背景铺满整个窗口。

动画关键帧 keyframes 设置改变背景图片 x 方向的位置，如从开始的0%变化到600%，y 方向保持0%不变。animation 将动画关键帧应用到背景的 div 上，这样就可以不停水平移动背景图片位置，从而产生动画效果。

第5章

JavaScript基础

JavaScript 是一种运行在浏览器中的解释型的编程语言，是嵌入在 HTML 页面中的脚本语言。在台式计算机、平板计算机和手机上浏览的网页，以及基于 HTML5 的 Web App，交互逻辑都是由 JavaScript 驱动的。目前 Web 程序中只有 JavaScript 能跨平台、跨浏览器驱动网页，与用户交互。

5.1 基本语法

JavaScript 基本语法包含数据类型、数值、字符串和数组等内容。

5.1.1 数据类型

JavaScript 语言的每一个值都属于某一种数据类型。JavaScript 的数据类型主要有 6 种。

1）数值（number）：整数和小数。

2）字符串（string）：字符组成的文本。

3）布尔值（boolean）：true（真）和 false（假）两个特定值,。

4）undefined：表示值未定义，主要用于判断函数参数是否传递。

5）null：表示一个空的值，它和 0 以及空字符串"" 不同。

6）对象（object）：各种值组成的集合。

JavaScript 的 typeof 运算符可以返回一个值的数据类型，数值、字符串、布尔值、undefined 分别返回 number、string、boolean、undefined，其他情况都返回 object。null 的类型也是 object，但 null 不属于对象，是一个类似于 undefined 的特殊值。则 instanceof 运算符用于区分不同的对象类型。

如果 JavaScript 预期某个位置应该是布尔值，则会将该位置上现有的值自动转为布尔值。undefined、null、0、NaN、""（空字符串）会被自动转换为 false，其他值都视为 true，如空数组（[]）和空对象（{}）对应的布尔值都是 true。

5.1.2 数值

JavaScript 内部数字以 64 位浮点数形式储存，1 与 1.0 是同一个数。针对某些只有整数才能完成的运算，JavaScript 会自动将 64 位浮点数转成 32 位整数，然后进行运算。JavaScript 数值可以用十进制和十六进制表示，也可以采用科学计数法表示，科学计数法字母 e 或 E 后面的整数表示数值的指数部分。

NaN 是 JavaScript 的特殊值，表示“非数字”（Not a Number），主要出现在将字符串解析成数字出错的场合。NaN 的数据类型属于 Number。NaN 不等于任何值，包括它本身。NaN 与任何数（包括它自己）的运算，得到的都是 NaN。isNaN 方法可以用来判断一个值是否为 NaN，使用 isNaN 之前，最好判断一下数据类型。

parseInt 方法用于将字符串转为整数，结果返回字符串头部可以转为数字的部分，如果字符串的第一个字符不能转化为数字，则返回 NaN。

parseFloat 方法用于将一个字符串转为浮点数，如果字符串包含不能转为浮点数的字符，则不再往后转换，返回已经转好的部分。

5.1.3 字符串

字符串就是零个或多个排在一起的字符，放在单引号或双引号之中。如果要在单引号字符串的内部使用单引号，必须在内部的单引号前面加上反斜杠，表示转义。连接运算符（+）可以连接多个单行字符串，将长字符串拆成多行书写，输出的时候也是单行。

可以使用数组的方括号运算符，返回字符串某个位置的字符。length 属性返回字符串的长度，该属性是无法改变的。

5.1.4 数组

数组是按次序排列的一组值。每个值的位置都有编号（从 0 开始），整个数组用方括号表示。任何类型的数据，都可以放入数组。

```
var arr =[{a:1}, [1, 2, 3], function(){return true;}];
```

上面数组 arr 的 3 个成员依次是对象、数组、函数。

数组是一种特殊的对象，它的键名是从 0 开始按次序排列的一组整数。下面代码的 Object. keys（）方法返回数组的所有键名“0”“1”“2”。

```
var arr =['a', 'b', 'c'];
Object.keys(arr); // ["0", "1", "2"]
```

由于数组成员的键名是固定的，所以数组不用为每个元素指定键名，而对象的每个成员都必须指定键名。JavaScript 语言规定对象的键名一律为字符串，所以数组的键名是字符串，之所以可用数值读取，是因为非字符串的键名会被转为字符串。

对象有两种读取成员的方法：点结构（object. key）和方括号结构（object［key］）。但是，对于数值的键名，不能使用点结构。

```
var arr =[1, 2, 3];
arr.0 // SyntaxError
```

上面代码中，arr. 0 的写法不合法，因为单独的数值不能作为标识符（identifier）。因此，数组成员只能用方括号 arr［0］表示（方括号是运算符，可以接受数值）。

数组的 length 属性返回数组的成员数量，等于键名中的最大整数加上 1。length 属性是可写的，将数组清空可以将 length 属性设为 0。数组是一种动态的数据结构，可以随时增减数组的成员。

for...in 循环可以遍历数组。示例代码如下:

```
var a=[1,2,3];
for(var i in a)
{
  console.log(a[i]);//1 23
}
```

数组的 forEach 方法,也可以用来遍历数组。示例代码如下:

```
var colors=['red','green','blue'];
colors.forEach(function(color){
  console.log(color);//red green blue
});
```

如果数组的某个位置是空元素,两个逗号之间没有任何值,则表明数组存在空位。数组的空位不影响 length 属性,如果最后一个元素后面有逗号,不会产生空位。单独读取数组的空位返回 undefined。使用 delete 命令删除一个数组成员,会形成空位,并且不会影响 length 属性。如果数组的某个位置是空位,使用 forEach 方法遍历时空位会被跳过。

5.1.5 数据类型转换

JavaScript 是一种动态类型语言,变量没有类型限制,但是数据本身和各种运算符是有类型的。如果运算符发现数据的类型与预期不符,就会自动转换类型。

使用 Number 函数,可以将任意类型的值转为数值。如果参数值是字符串、布尔值、undefined 和 null,则它们能被 Number 函数转为数值或 NaN。示例代码如下:

```
// 数值转换后还是原来的值
Number(100)//100
// 如果字符串可以被解析为数值,则转换为相应的数值
Number("100")//100
// 如果字符串不可以被解析为数值,返回 NaN
Number("100Abc")// NaN
// 空字符串转为 0
Number("")// 0
// 布尔值 true 转成 1,false 转成 0
Number(true)// 1
Number(false)// 0
// undefined:转成 NaN
Number(undefined)// NaN
// null 转成 0
Number(null)// 0
```

当 Number 函数将字符串转为数值时,只要有一个字符无法转为数值,整个字符串就会被转为 NaN。示例代码如下:

```
parseInt('42 cats')// 42
Number('42 cats')// NaN
```

上面代码中，parseInt 函数逐个解析字符，而 Number 函数整体转换字符串的类型。

使用 String 函数，可以将任意类型的值转化成字符串。

使用 Boolean 函数，可以将任意类型的变量转为布尔值。undefined、null、0、NaN 的转换结果为 false，其他的值全部为 true。所有对象的布尔值都是 true。

不同类型的数据互相运算或者对非布尔值类型的数据求布尔值，JavaScript 会自动转换数据类型。当 JavaScript 遇到预期为数值的地方，系统内部会自动调用 Number 函数，将参数值自动转换为数值，除了加法运算符有可能把运算子转为字符串，其他运算符都会把运算子自动转成数值。

```
"5" - "3"       //2
"5" * "3"       //15
true - 1        // 0
false - 1       // -1
"1" - 1         // 0
"5"* []         // 0
false/"5"       // 0
"abc"-1         // NaN
null +1         // 1
undefined +1    // NaN
```

上面代码中，运算符两侧的运算子，都被转成了数值。

由于自动转换具有不确定性，所以在数据预期为布尔值、数值、字符串的地方，应该使用 Boolean、Number 和 String 函数进行显式转换。

5.2　函数

函数用于指代一段可以反复调用的代码块，能接受输入的参数，不同的参数会返回不同的值。

5.2.1　函数的声明和调用

JavaScript 声明一个函数可采用两种方法。

第一种方法使用 function 命令。function 命令后面是函数名，函数名后面是一对圆括号，里面是传入函数的参数。函数体放在大括号里面，大括号后面不用加分号。示例代码如下：

```
function print(s)
{
    console.log(s);
}
```

上面的代码命名了一个print函数，以后使用print()这种形式，就可以调用相应的代码。

第二种采用变量赋值的写法。示例代码如下：

```
var print = function(s){
    console.log(s);
};
```

这种写法将一个匿名函数赋值给变量。匿名函数又称函数表达式，因为赋值语句的等号右侧只能放表达式。在采用函数表达式声明函数时，function命令后面不带有函数名，需要在语句的结尾加上分号，表示语句结束。

在调用函数时，要使用圆括号运算符。圆括号之中可以加入函数的参数。

函数体内部的return语句表示返回，直接返回后面的表达式的值，即使return语句后还有其他语句，也不会得到执行。return语句不是必需的，如果没有，则该函数就不返回任何值，或者说返回undefined。

可以把函数赋值给变量和对象的属性，也可以当作参数传入其他函数，或者作为函数的结果返回。根据ECMAScript的规范，不得在非函数的代码块中声明函数，最常见的情况就是if和try语句。

函数的name属性返回紧跟在function关键字之后的那个函数名。length属性返回函数预期传入的参数个数，即函数定义之中的参数个数。函数的toString方法返回函数的源码。

5.2.2　函数作用域

作用域是指变量存在的范围。JavaScript只有两种作用域：一种是全局作用域，变量在整个程序中一直存在，所有地方都可以读取；另一种是函数作用域，变量只在函数内部存在。

在函数外部声明的变量称为全局变量，它可以在函数内部读取。在函数内部定义的变量，外部无法读取，称为局部变量。函数内部定义的变量会在该作用域内覆盖同名全局变量。

注意，对于var命令来说，局部变量只能在函数内部声明，在其他区块中声明，一律都是全局变量。

```
if(true)
{
  var x =5;
}
console.log(x);  // 5
```

上面代码中，虽然变量x在条件判断区块之中声明，但仍然是一个全局变量，可以在区块之外读取。

函数作用域内部用var命令声明的变量，不管在什么位置，变量声明都会被提升到函数体的头部。

函数执行时所在的作用域是定义时的作用域，而不是调用时所在的作用域。示例代码如下：

```
'use strict';
var a =100;
function m()
{
    return a;
}
function n()
{
    var a = 'abc';
    return m();
}
console.log('a = ' +m());//a =100
console.log('a = ' +n());//a =100
```

函数体内部声明的函数，作用域绑定函数体内部。如下代码中，函数 A 内部声明了一个函数 f，f 的作用域绑定 A。当在 A 外部取出 f 执行时，变量 a 指向的是 A 内部的 a，而不是 A 外部的 a。

```
'use strict';
var a = "外部变量";
function A()
{
    var a = "内部变量";
    function f()
    {
      return "a = " +a;
    }
    return f;
}
var foo =A();
console.log(foo()); //a =内部变量
```

5.2.3 函数的参数

函数运行时提供的外部数据叫作参数，JavaScript 允许省略参数。

如果函数参数是数值、字符串、布尔值，那么传递方式是传值传递，在函数体内修改参数值，不会影响到函数外部。

如果函数参数是数组、对象或者其他函数，那么传递方式是传址传递，在函数内部修改参数，将会影响到原始值。

函数内部的 arguments 对象包含了函数运行时的所有参数，arguments[0]就是第一个参数，arguments[1]就是第二个参数，以此类推。arguments 对象的 length 属性可以判断函数调用时到底带几个参数。严格模式下，arguments 对象是一个只读对象，修改它是无效的，但不会报错。示例代码如下：

```
'use strict';
var f = function(one)
{
  console.log(f.length);//1
  console.log(arguments.length);//2
  console.log(arguments[0]);//1
  console.log(arguments[1]);//2
  console.log(arguments[2]);//undefined
}
f(1, 2);
```

5.2.4 闭包

在函数外部无法读取函数内部声明的变量。如果需要得到函数内部的局部变量，则需要在函数的内部，再定义一个函数。定义在一个函数内部的函数可以理解为是闭包，它是携带状态的函数，可以记住诞生的环境，它的状态可以完全对外隐藏起来。

```
'use strict';
function f1(){
  var n =999;
  function f2(){
    console.log(n);
  }
  return f2;
}
var result = f1();
result(); // 999
```

在上面代码中，闭包就是函数 f2，函数 f1 的返回值是函数 f2，由于 f2 可以读取 f1 的内部变量，所以可以在外部获得 f1 的内部变量。

闭包可以让函数内部的变量始终保持在内存中，使得内部变量记住上一次调用时的运算结果。

```
'use strict';
function outer()
{
    var count =1;
    function countNum()
    {
        return  count ++;
```

```
    }
    return countNum;
}
var outerCall = outer();
console.log("count = " + outerCall());
console.log("count = " + outerCall());
console.log("count = " + outerCall());
```

在上面代码中，count 是函数 outer 的内部变量。闭包 countNum 使得函数 outer 的内部环境一直存在，count 的状态被保留了，每一次调用都是在上一次调用的基础上进行计算。闭包可以看作函数内部作用域的一个接口。

有时需要在定义函数之后，立即调用该函数，一般采用创建一个匿名函数并立刻执行的语法：将匿名函数调用放在一个圆括号里面，分号是必须写的。对匿名函数使用这种立即执行的函数表达式（Immediately-Invoked Function Expression，IIFE），目的有两个：一是不必为函数命名，避免了污染全局变量；二是 IIFE 内部形成了一个单独的作用域，可以封装一些外部无法读取的私有变量。示例代码如下：

```
'use strict';
function count()
{
    var arr = [ ];
    for(var i = 1; i <= 3; i++){
        arr.push((function(n){
            return function(){
                return n * n;
            }
        })(i));
    }
    return arr;
}
var results = count();
var f1 = results[0];
var f2 = results[1];
var f3 = results[2];
console.log(f1()); // 1
console.log(f2()); // 4
console.log(f3()); // 9
```

闭包可以封装对象的私有变量，在返回的对象中应用闭包，闭包携带了私有变量。

```
'use strict';
function Person(name)
```

```
{
  var age;
  function setAge(n)
  {
      age = n;
  }
  function getAge()
  {
    return  age;
  }
  return {
    name: name,
    getAge: getAge,
    setAge: setAge
  };
}
var p1 = Person("张三");
p1.setAge(20);
console.log(p1.getAge()); // 20
```

在上面代码中，函数 Person 的内部变量 age 通过闭包 getAge 和 setAge 变成了返回对象 p1 的私有变量。

5.3　面向对象编程

JavaScript 的面向对象编程和大多数其他语言如 Java、C#的面向对象编程都不太一样，JavaScript 不区分类和实例的概念。

5.3.1　对象

JavaScript 的对象用于描述现实世界中的某个对象，是一种无序的集合数据类型，用一个{...}表示一个对象。它由若干键值对组成，键值对以 xxx：xxx 形式申明，用","隔开，最后一个键值对不需要在末尾加","。JavaScript 对象的所有属性都是字符串，属性对应的值可以是任意数据类型，如果键名包含特殊字符，就必须用""括起来，最后把表示的对象赋值给某个变量指代。

访问对象的属性时通过 . 操作符完成，访问包含特殊字符的属性必须用［"xxx"］来访问，访问不存在的属性时返回 undefined。

JavaScript 的对象是动态类型，可以给对象添加或删除属性。如果要判断某个对象是否拥有某一属性，可以用 in 操作符。如果发现某个属性存在，该属性不一定是对象自身定义的，它可能是继承得到的。要判断一个属性是否是对象自身拥有的，而不是继承得到的，可以用 hasOwnProperty()方法。

```
'use strict';
var people =
{
    name:"张三",
    age:25,
    professional:"programmer",
    speak:function(){return "hello";}
};
people.salary=8000;
delete people.age;
for(var key in people)
{
      console.log('people[${key}] = ${people[key]}');
}
//people[name]=张三
//people[professional]=programmer
//people[speak]=function(){return "hello";}
//people[salary]=8000
```

上面代码利用 for...in 循环遍历对象的全部属性，遍历对象所有可遍历的属性，跳过不可遍历的属性，不仅遍历对象自身的属性，还遍历继承的属性。

5.3.2 创建对象

JavaScript 主要通过构造函数（constructor）和原型链（prototype）实现面向对象编程。通常对象的生成方法有三种：第一种直接使用大括号（{}）生成；第二种采用构造函数的写法和用 new 命令生成对象；第三种写法可以使用 Object.create()方法直接以某个实例对象作为模板，生成一个新的实例对象。

1. 构造函数

构造函数作为对象的模板，描述对象的基本结构，是专门用来生成对象的函数，可以生成多个具有相同结构的对象。构造函数名字的首字母大写，有自己的特征和用法，函数体内部使用 this 关键字代表所要生成的对象实例，生成对象的时候必须用 new 命令调用构造函数。

```
varComputer=function(){
  this.price=1000;
};
varc=new Computer();
c.price; //1000
```

在上面代码中，根据 Computer 构造函数生成一个实例对象 c，实例对象 c 从构造函数 Computer 继承了 price 属性。当 new 命令执行时，构造函数内部的 this 就代表了新生成的实例对象，this. price 表示实例对象有一个 price 属性，值是 1000。

构造函数也可以接收参数，调用构造函数不要忘记写 new。示例代码如下：

```
var Computer = function (p){
  this. price = p;
};
varc = new Computer(500);
```

使用 new 命令时，它后面的函数调用依次执行下面的步骤。

(1) 创建一个空对象，作为将要返回的对象实例。

(2) 将空对象的原型指向构造函数的 prototype 属性。

(3) 将空对象赋值给函数内部的 this 关键字。

(4) 开始执行构造函数内部的代码。

构造函数内部的 this 指代新生成的空对象，所有针对 this 的操作都会发生在这个空对象上。构造函数的目的是操作一个空对象，将其构造为需要的样子。如果构造函数内部有 return 语句，并且 return 后面跟着一个对象，则 new 命令会返回 return 语句指定的对象；否则返回 this 对象。new 命令总是返回一个对象，要么是实例对象，要么是 return 语句指定的对象。

2. 原型对象

通过构造函数为实例对象定义属性，同一个构造函数的多个实例之间，无法共享属性，从而造成对系统资源的浪费，解决方法是使用 JavaScript 的原型对象。

JavaScript 的每个对象都继承另一个对象，后者称为原型对象。任何一个对象都可以充当其他对象的原型，原型对象也有自己的原型。JavaScript 继承机制就是指原型的所有属性和方法都能被子对象共享。

每一个构造函数都有一个 prototype 属性，这个属性会在生成实例的时候，成为实例对象的原型对象。

对象的属性和方法可以定义在自身，也可以定义在它的原型对象。由于原型对象本身也是对象，又有自己的原型，所以形成了一条原型链。所有对象的原型最终都可以上溯到 Object. prototype，即 Object 构造函数的 prototype 属性。Object. prototype 对象的原型是没有任何属性和方法的 null 对象，而 null 对象没有自己的原型，所以原型链到此为止。

原型链的作用是，在读取对象的某个属性时，JavaScript 引擎先寻找对象本身的属性，如果找不到，就到它的原型去找，如果还是找不到，就到原型的原型去找。如果直到最顶层的 Object. prototype 还是找不到，则返回 undefined。如果对象自身和它的原型都定义了一个同名属性，那么优先读取对象自身的属性，称为覆盖。

假如让某个函数的 prototype 属性指向一个数组，表明该函数可以当作数组的构造函数，那么根据该函数生成的实例对象都可以通过 prototype 属性调用数组方法。

```
'use strict';
var MyArray = function (){};
MyArray. prototype = new Array ();
var mine = new MyArray ();
mine. push(1, 2, 3);
```

```
console.log(mine.length); // 3
console.log(mine instanceof Array); // true
```

在上面代码中，根据构造函数 MyArray 创建实例对象 mine，MyArray 的 prototype 属性指向一个数组实例，所以 mine 可以调用数组方法，这些方法定义在数组实例的 prototype 对象上面。

prototype 对象有一个 constructor 属性，默认指向 prototype 对象所在的构造函数。constructor 属性的作用是分辨原型对象到底属于哪个构造函数。

```
'use strict';
var Animal = function(name){
    this.name = name;
}
Animal.prototype.color = "黑色";
Animal.prototype.walk = function(){
  console.log(this.color + this.name + "正在走");
};
var cat1 = new Animal("大猫");
var cat2 = new Animal("小猫");
cat1.walk();//黑色大猫正在走
cat2.walk();//黑色小猫正在走
```

在上面代码中，构造函数 Animal 的 prototype 对象就是实例对象 cat1 和 cat2 的原型对象。原型对象上添加一个 color 属性和 walk 方法，然后实例对象 cat1 和 cat2 都继承了该属性和方法。

cat1 对象的原型链是：cat1→ Animal.prototype→ Object.prototype→null。

cat1 的原型指向函数 Animal 的原型，cat2 对象的原型与 cat1 是一样的。new Animal() 创建的对象的 constructor 属性指向函数 Animal 本身。示例代码如下：

```
cat1.constructor === Animal.prototype.constructor; // true
Animal.prototype.constructor === Animal; // true
cat1 instanceof Animal; // true
```

要让创建的对象共享一个函数，根据对象的属性查找原则，只需把该函数移动到实例对象共同的原型上即可。示例代码如下：

```
Animal.prototype.speak = function(){
    console.log(this.name + "喵喵叫");
};
var cat1 = new Animal("大猫");
var cat2 = new Animal("小猫");
cat1.speak();//大猫喵喵叫
cat2.speak();//小猫喵喵叫
```

当实例对象本身没有某个属性或方法的时候，它会到构造函数的 prototype 属性指向的对象，去寻找该属性或方法。如果实例对象自身就有某个属性或方法，它就不会再去原型对象寻找这个属性或方法。原型对象的作用就是定义所有实例对象共享的属性和方法，而实例对象可以视作从原型对象衍生出来的子对象。

生成实例对象的常用方法是使用 new 命令，让构造函数返回一个实例。但是很多时候，只能拿到一个实例对象，它可能根本不是由构建函数生成的，那么能不能从一个实例对象生成另一个实例对象呢?

3. Object. create 方法

JavaScript 的 Object. create 方法接受一个原型对象作为参数，返回一个实例对象，该实例对象完全继承原型对象的属性。Object. create 方法生成的新对象动态继承了原型，在原型上添加或修改任何方法会立刻体现在新对象之上。Object. create 方法生成的对象继承了它的原型对象的构造函数。

```
'use strict';
//原型对象
var A = {
  print: function(){
      console.log('hello');
  }
};
//实例对象
var B = Object.create(A);
B.print(); // hello
console.log(B.print === A.print ); // true
```

在上面代码中，Object. create 方法以 A 对象为原型，生成了 B 对象。B 继承了 A 的所有属性和方法。

```
'use strict';
//原型对象
var A = function(){};
A.prototype.method = function(){
  console.log("方法");
};
//构造函数创建对象
var a = new A();
//实例对象
var b = Object.create(a);
console.log(b.constructor === A ); //true
console.log(b instanceof A ); // true
b.method(); //方法
console.log(a.method === b.method ); //true
```

在上面代码中，b 对象的原型是 a 对象，因此继承了 a 对象的构造函数 A。这是创建原型继承的一种方法，即把一个对象的原型指向另一个对象。

5.3.3 class 继承

JavaScript 从 ECMAScript 6 开始正式引入新的关键字 class，类似于 Java 语言一样定义类。示例代码如下：

```
class Person
{
  constructor(name)
  {
      this.name = name;
  }
  run()
  {
      console.log(this.name + "正在跑");
    }
}
```

class 包含了构造函数 constructor 和定义在原型对象上的函数 run()，此处 run() 不用 function 关键字，避免了 Person.prototype.run = function() {...} 等分散的代码。

根据 class 创建对象和根据构造函数创建对象一样。示例代码如下：

```
var zhangs = new Person('张三');
zhangs.run();//张三正在跑
```

继承通过 extends 来实现，比如从 Person 派生一个 Student 可以使用如下代码：

```
class Student extends Person
{
      constructor(name, grade)
      {
          super(name); // super 调用父类的构造函数
          this.grade = grade;
      }
      getGrade()
      {
        console.log('${this.name}现在读${this.grade}');
      }
}
var zhangs = new Student("张三","大二");
zhangs.run();//张三正在跑
zhangs.getGrade();//张三现在读大二
```

Student 的定义也是 class 关键字实现的，extends 表示原型链对象来自 Person。子类的构造函数调用父类的构造函数。Student 继承了父类 Person 的 run 方法，自身又定义了 getGrade 方法。

5.4 this 关键字

JavaScript 中大部分开发任务都会使用到 this 关键字。

5.4.1 this 的含义

在一个对象中定义的函数称为方法，在它内部可以使用 this 关键字。this 是一个特殊变量，它始终指向当前对象，即属性或方法当前所在的对象，如 this. property 表示当前对象访问 property 属性。由于对象的属性可以赋给另一个对象，所以属性所在的当前对象是可变的，即 this 的指向是可变的。

```
function f()
{
    return "姓名:" + this.name;
}
var A = {
  name: "张三",
  describe:f
};
var B = {
  name:"李四",
  describe:f
}
A.describe(); //姓名:张三
B.describe(); //姓名:李四
```

在上面代码中，函数 f 内部使用了 this 关键字，随着 f 所在的对象不同，this 的指向也不同。

5.4.2 this 的使用

如果在全局环境中调用一个独立的函数，在非 strict 模式下，函数内部的 this 指向全局对象 window，而在 strict 模式下，this 指向 undefined。JavaScript 支持运行环境动态切换，this 的指向是动态的，需要根据具体情况确定到底指向哪个对象。

当对象的方法访问对象的属性时，必须使用 this 访问属性。为了保证 this 指向正确，必须用 obj. xxx( )的形式直接在对象上调用方法。

```
var name = "全局环境变量";
var A = {
  name: '张三',
  describe: function(){
```

```
    return '姓名:' + this.name;
  }
};
var func = A.describe;
console.log(this === window);//true
console.log(func());//姓名:全局环境变量
```

在上面代码中，func 独立函数内部的 this 不再指向 A，它脱离了运行环境 A，在全局环境执行，在非 strict 模式下，this 指向代码块当前所在对象（浏览器为 window 对象）。

构造函数中的 this 指的是实例对象。

```
var Obj = function(p){
  this.p = p;
};
Obj.prototype.m = function(){
  return this.p;
};
var o = new Obj('Hello World');
o.p;  //"Hello World"
o.m(); //"Hello World"
```

上面代码定义了一个构造函数 Obj，由于 this 指向实例对象，所以在构造函数内部定义 this.p，就相当于定义实例对象有一个 p 属性，然后 m 方法可以返回这个 p 属性。

如果对象中方法内部包含的函数有 this，则指代与对象无关。

```
var person = {
      name:"zhangs",
      birth:1996,
      getAgeFromBirth:function(){
          function getAge(){
              return(new Date()).getFullYear()-this.birth;
          }
          return getAge();
      }
};
person.getAgeFromBirth();//NaN
```

上面代码在非 strict 模式下，方法 getAgeFromBirth 内部包含函数 getAge，它的 this 指 window，在全局环境中 birth 没有具体值，所以返回 NaN。

由于 this 的指向是不确定的，所以切勿在方法中包含多层的 this。如果方法内部包含一个内部函数，解决方法是使用一个变量固定 this 的值，然后内部函数调用这个变量。

```
var person = {
      name:"zhangs",
```

```
        birth:1996,
        getAgeFromBirth:function(){
            var that=this;
            function getAge(){
                return(new Date()).getFullYear()-that.birth;
            }
            return getAge();
        }
    };
    person.getAgeFromBirth();
```

上面代码定义了变量 that，固定指向外层的 this，然后在内层使用 that，就不会发生 this 指向的改变。

数组的 map 和 foreach 方法，允许提供一个函数作为参数，这个函数内部不应该使用 this，因为此时 this 不指向外部，而指向顶层对象或者是 undefined，解决方法还是使用中间变量。

5.4.3 绑定 this 的方法

绑定 this 的方法有 call 方法、apply 方法和 bind 方法。

1. call 方法

函数实例的 call 方法可以指定函数内部 this 的指向（即函数执行时所在的作用域），然后在所指定的作用域中调用该函数。call 方法的第一个参数作为函数上下文的对象，后面是一个参数列表。如果 call 方法没有参数，或者参数为 null 或 undefined，则默认传入全局对象。

```
var n=100;
var obj={n:200};
function a(){
  console.log(this.n);
}
a.call()// 100
a.call(null)// 100
a.call(undefined)// 100
a.call(window)// 100
a.call(obj)//200
```

从上面代码可见，在非 strict 模式下，a 函数中的 this 关键字如果指向全局对象，返回结果为 100；如果将 this 指向 obj 对象，返回结果为 200。

```
var a=100,b=200;
function add(a, b){
  return this.a+this.b;
```

```
}
var obj = {
    a:50,
    b:60
}
add.call(obj,obj.a,obj.b); //110
add.call(this,a,b); //300
```

在上面代码中，call 方法指定函数 add 内部的 this 绑定当前对象，传递的参数属于不同的对象。

2. apply 方法

函数实例的 apply 方法也是改变 this 指向，然后在所指定的作用域中调用该函数。apply 方法的第一个参数是 this 所要指向的那个对象，如果设为 null 或 undefined，则等同于指定全局对象；第二个参数是一个数组，该数组的所有成员依次作为参数，传入原函数。

```
var arr1 = [1, 2, 3];
function f(x,y,z){
  console.log(x + y + z);
}
f.apply(null,arr1); //6
var arr2 = [10, 20, 40, 15, 5];
console.log(Math.max.apply(null, arr2)); //40
```

上面代码的 f 函数可以接收一个数组作为参数。JavaScript 不提供找出数组最大元素的函数，结合使用 apply 方法和 Math. max 方法，可以返回数组的最大元素。

3. bind 方法

bind 方法用于将函数体内的 this 绑定到某个对象，然后返回一个新函数。

```
var d = new Date();
d.getDay();
var print = d.getDay;
print();//Uncaught TypeError: this is not a Date object.
```

上面代码将 d. getDay 方法赋给变量 print，调用 print 时报错，由于 getDay 方法内部的 this 绑定 Date 对象的实例，赋给变量 print 后，内部的 this 已经不指向 Date 对象的实例了。

```
var print = d.getDay.bind(d);
print();
```

上面代码使用 bind 方法将 getDay 方法内部的 this 绑定到 d 对象。

相比 call 方法和 apply 方法，bind 方法除了绑定 this 以外，还可以绑定原函数的参数。如果 bind 方法的第一个参数是 null 或 undefined，等于将 this 绑定到全局对象，函数运行时 this 指向顶层对象（在浏览器中为 window）。

```
function add(x, y){
  return x + y;
}
var plus = add.bind(null, 5);
plus(10); //15
```

在上面代码中，函数 add 内部并没有 this，使用 bind 方法的主要目的是绑定参数 x，当运行新函数 plus 时，仅需提供参数 y 即可。

数组的某些方法可以接收函数当作参数，需要注意函数内部的 this 指向。

```
var obj = {
  name:"张三",
  times:[1, 2, 3],
};
obj.print = function(){
  this.times.forEach(function(n){
    console.log(this.name);
  }.bind(this));
};
obj.print();
```

上面代码中为了避免数组方法内部函数的 this 指向全局对象，使用了 bind 方法。

5.5 JavaScript 应用案例

案例的目的是让学生熟悉 JavaScript 基本语法和掌握 JavaScript 函数的使用。

5.5.1 案例——计算数值

分析并输出如下代码中的变量 a、b、c、d、e、f、g 的值。

```
var a = "100" + "9";
var b = "100" - "9";
var c = "100" * "9";
var d = "100"/"9";
var e = "100"% "9";
var f = "100" + "商品";
var g = "100" - "商品";
```

5.5.2 案例——比较数据类型

找出下面代码的错误之处，并修改。

```
<script language = "javascript" >
   alert(x);
```

```
    y = null;
    if(x == y)
    {
        alert("不精确比较:x(undefined) == y(null)");
    }
    if(!(x === y))
    {
        alert("精确区分 null 和 undefined,使用 === ");
    }
</script>
```

5.5.3 案例——实现温度提示

设计网页，在文本框中输入温度值，单击按钮后，根据温度值显示相应提示。要求提示如下。1）10℃以下，提醒“天凉多穿衣服”。2）25℃以下，提醒“温度合适，出去玩吧”。3）32℃以下，提醒“有点热”。4）32℃度以上，提醒“太热了，防中暑”。

5.5.4 案例——模拟骰子投掷

编写 JavaScript 程序，模拟投掷一枚骰子（均匀六面体）1000 次，统计并输出出现点数分别为 1、2、3、4、5、6 的次数。

5.5.5 案例——显示当前日期

编写 JavaScript 代码在网页上输出当前日期，以图片格式显示。

5.5.6 案例——检测会员注册

设计会员注册页面，单击“注册”按钮时，利用 JavaScript 代码完成下面要求。

1）检查用户名、密码等输入框是否都填写了内容，如果没有，提示输入相应字段并将光标定位于对应的空白输入框。2）判断密码长度是否在 5 ~ 12 位，并检查两次密码是否输入一致。3）检查完成，格式无误后，提示“注册信息提交!”，转至 regok. jsp。

5.6 JavaScript 应用案例分析

通常在 Google Chrome 浏览器中调试 JavaScript 代码，可以在控制台中直接输入代码并按 <Enter> 键执行。如果 JavaScript 代码执行有误，在 Chrome 浏览器的控制台面板可以看到错误提示。

5.6.1 比较运算符的使用

JavaScript 的“ === ”比较运算符不会将参与比较的变量进行自动数据类型转换。如果发现数据类型不一致，则返回 false；如果类型一致，再比较值是否一致。比较运算符会自动转换数据类型再进行比较。建议使用“===”比较运算符。示例代码如下：

```
var x=5;
var boo=(x==="5"); //boo 的值为 false
```

NaN 是一个特殊的 Number，与任何值比较都不相等，包括与自身比较，唯一能判断 NaN 的方法是通过 isNaN()函数。代码如下：

```
isNaN(NaN); // true
```

5.6.2 onblur 与 onfocus 的区别

onblur 事件在对象失去焦点时发生，常用于 JavaScript 验证代码，形式内表单输入框。

```
<input type="text" onblur="check()">
```

上面代码表明当用户离开输入框时执行 JavaScript 代码中的 check()函数。

onfocus 事件是 onblur 的相反事件，它在对象获得焦点时发生，通常用于 <input> <select>和<a>等标签。

5.6.3 数据类型的检测

将文本框提交的数值赋给变量，可用 typeof 操作符检测变量数据类型。示例代码如下：

```
typeof "John"        // 返回 string
typeof 3.14          // 返回 number
typeof false         // 返回 boolean
```

JavaScript 中数组是一种特殊的对象类型，因此 typeof [1,2,3,4] 返回 object。JavaScript 中 null 表示一个空对象引用，用 typeof 检测 null 返回是 object。undefined 是一个没有设置值的变量，typeof 检测一个没有值的变量会返回 undefined。null 和 underfined 的值相等，但类型不等，代码如下：

```
null===undefined       // false
null==undefined        // true
```

typeof 操作符可以判断出 number、boolean、string、function 和 undefined 等类型，但是 null 和 Array 的类型都是 object，所以用 typeof 无法区分出 null、Array。判断 Array 要使用 Array. isArray（arr），而判断 null 使用 myVar===null。

5.6.4 随机数问题

Math 是 JavaScript 的内置对象，提供一系列数学常数和数学方法，不能生成实例，所有的属性和方法都必须在 Math 对象上调用。Math. floor 方法接收一个参数，返回小于该参数的最大整数。Math. random()返回 0 到 1 之间的一个伪随机数，可能等于 0，但是一定小于 1。任意范围的随机整数生成代码如下：

```
var m=Math.floor(Math.random()*(max-min+1))+min;
```

在上面代码中，m 是 min 与 max 这两个整数之间的某个整数。

5.6.5 定时器问题

JavaScript 提供了定时执行代码的功能，也称为定时器功能，setInterval 函数指定某个任务每隔一段时间就执行一次。setInterval 指定的是开始执行之间的间隔，并不考虑每次任务执行本身所消耗的时间，所以两次执行之间的间隔会小于指定的时间。setInterval 函数返回一个表示计数器编号的整数值，将该整数传入 clearInterval 函数，就可以取消对应的定时器。

5.6.6 表单元素检测

JavaScript 获取的表单元素的值是字符串类型，如要检测注册表单 reg 中的密码框 pass 输入值的长度，使用 document. reg. pass. value. length，不要误写作 document. reg. pass. length，其中 document. reg. pass. value 表示密码值。

在 JavaScript 中，利用正则表达式可以检测邮箱文本框中的值是否满足格式要求。另外，在 HTML5 中有专门的 email 类型的 input 元素，它是一种用来输入 email 地址的文本框，提交时会提示文本框中内容是否是 email 地址格式，为文本框加上 required 属性检查提示文本框内容不可以为空，为文本框加上 multiple 属性则允许在文本框中输入一串以逗号分隔的 email 地址。示例代码如下：

```
<input  type = "email" name = "myemail" value = ""  required >
```

运行效果如图 5-1 所示。

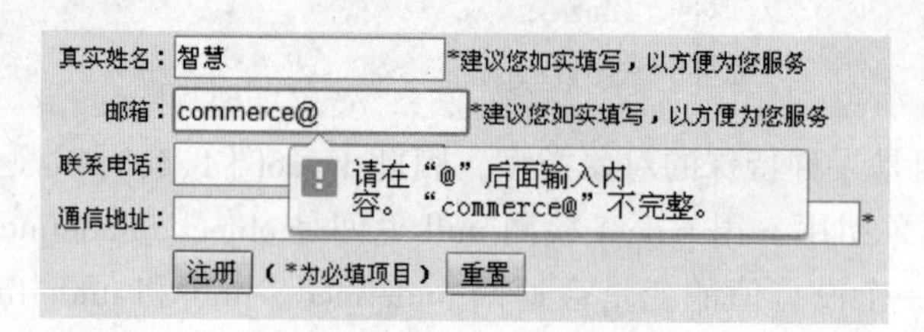

图 5-1 邮箱文本框检测

5.6.7 识别局部变量和全局变量

JavaScript 变量的生命期从其被声明时开始。JavaScript 函数内部使用 var 声明的变量是局部变量，只能在该函数内部访问它，可在不同的函数中使用名称相同的局部变量，因为只有声明过该变量的函数才能识别出该变量，函数一旦运行完毕，局部变量就会被删除。

在函数外声明的变量是全局变量，网页上的所有脚本和函数都能访问它，全局变量会在页面关闭后被删除。全局变量具有全局作用域，在非 Strict 模式下，JavaScript 默认有一个全局对象 window，全局作用域的变量实际上被绑定到 window 的一个属性。

JavaScript 函数在查找变量时从自身函数定义开始，从内向外查找，如果内部函数与外部函数有同名变量，则内部函数的变量将屏蔽外部函数的变量，即两个变量互不影响。

判断某个全局变量是否存在用 typeof window. myVar = = = 'undefined'，函数内部判断局部变量是否存在用 typeof myVar = = = 'undefined'。

第6章

DOM基础

DOM 是 JavaScript 操作网页的接口，是 Document Object Model 的简写，称作文档对象模型。DOM 将结构化文档（HTML 和 XML）描绘成一个由多层节点构成的树状结构。JavaScript 根据 DOM 模型访问结构化文档的节点，并可以新增、修改、删除结构化文档。

6.1 基本概念

HTML 文档由节点构成，不同类型的节点有其相应的属性和方法。

6.1.1 节点

DOM 树是由各种不同类型的节点组成，节点有七种类型。

1）Document：整个文档树的顶层节点。

2）DocumentType：doctype 标签（比如 <! DOCTYPE html >）。

3）Element：网页的各种 HTML 标签（比如 <body> <a>等）。

4）Attribute：网页元素的属性（比如 class = "right"）。

5）Text：标签之间或标签包含的文本。

6）Comment：注释。

7）DocumentFragment：文档的片段。

document 节点是最顶层的节点，它代表了整个文档。文档里面最高一层的 HTML 标签是根节点，其他 HTML 标签节点都是它的后代节点。

节点在同一层而不互相包含，则它们之间是兄弟关系，有着共同的父节点。有包含关系的上下两层中的上级节点为父节点，下级节点为子节点。

6.1.2 节点对象的属性

节点对象是浏览器内置的 Node 对象的实例，继承了 Node 属性和方法。节点对象的 nodeName 属性返回节点的名称，nodeType 属性返回节点类型的常数值。Element 节点的 nodeName属性是大写的 HTML 标签名，nodeType 属性为 1；Text 节点的 nodeName 是#text，nodeType 为 3；document 节点的 nodeName 是#document，nodeType 属性为 9。通常使用 nodeType属性确定一个节点的类型。

Text 节点、Comment 节点、XML 文档的 CDATA 节点的 nodeValue 属性返回字符串，表示当前节点本身的文本值，该属性可读写。其他类型节点的 nodeValue 属性均返回 null，对它们设置 nodeValue 是无效的。

节点的 textContent 属性返回当前节点及其所有后代节点的文本内容，该属性会自动忽略当前节点内部的 HTML 标签，它是可读写的。对于 Text 节点和 Comment 节点，textContent 属性值与 nodeValue 属性值相同。对于其他类型的节点，textContent 属性会将每个子节点的内容连接在一起返回，但是不包括 Comment 节点。如果一个节点没有子节点，则返回空字符串。document. documentElement. textContent 可以读取整个文档的文本内容。

节点的 nextSibling 属性返回紧跟在当前节点后面的第一个同级节点，该节点也可能是文本节点和评论节点。如果当前节点后面没有同级节点，返回 null；如果当前节点后面有空格，返回一个文本节点，内容为空格。

节点的 previousSibling 属性返回当前节点前面紧邻的一个同级节点。如果当前节点前面没有同级节点，则返回 null。

节点的 parentNode 属性返回当前节点的父节点。父节点可能是 document 节点、Element 节点或者 DocumentFragment 节点。document 节点和 DocumentFragment 节点的父节点都是 null。

节点的 parentElement 属性返回当前节点的父元素节点。如果当前节点没有父节点，或者父节点类型不是元素节点，则返回 null。

节点的 childNodes 属性返回一个 NodeList 集合，成员包括当前节点的所有子节点。如果当前节点没有子节点，则返回一个空的 NodeList 集合。

节点的 firstChild 属性返回当前节点的第一个子节点，可能是元素节点、文本节点或者是注释节点。如果当前节点没有子节点，则返回 null。节点的 lastChild 属性返回当前节点的最后一个子节点，如果当前节点没有子节点，则返回 null。

6.1.3 节点对象的方法

节点的 appendChild 方法接收一个节点对象作为参数，将其作为最后一个子节点，插入当前节点。

节点的 hasChildNodes 方法返回一个布尔值，表示当前节点是否有子节点。hasChildNodes 方法结合 firstChild 属性和 nextSibling 属性，可以遍历当前节点的所有后代节点。

节点的 insertBefore 方法用于将某个节点插入当前节点内部的指定位置，返回被插入的新节点。它接收两个参数，第一个参数是所要插入的节点；第二个参数是当前节点内部的一个子节点，新的节点将插在这个子节点的前面。如果当前节点没有任何子节点，则新节点会成为当前节点的唯一子节点。如果 insertBefore 方法的第二个参数为 null，则新节点将插在当前节点内部的最后位置，即变成最后一个子节点。如果所要插入的节点是当前 DOM 现有的节点，则该节点将从原有的位置移除，插入新的位置。

如果在当前节点的某个子节点后面插入节点，则需要判断该子节点是否为当前节点的最后一个子节点，若是则当前节点调用 appendChild 方法可以将新节点添加到子节点列表的最后，若不是则需要使用 insertBefore 方法和 nextSibling 属性相结合的方式实现。

节点调用 removeChild 方法接收一个子节点作为参数，用于从当前节点移除该子节点。它返回被移除的子节点。被移除的节点仍然可以使用。

节点调用 replaceChild 方法将一个新节点替换某一个子节点，返回被替换的节点。该方法接收两个参数，第一个参数是新节点；第二个参数是被替换的子节点。

节点的 contains 方法接收一个节点作为参数，返回布尔值表示参数节点是否为当前节点的后代节点。

6.1.4 NodeList 对象和 HTMLCollection 对象

节点的 childNodes 属性和 document 的 querySelectorAll 方法返回 NodeList 实例对象，它提供 length 属性和数字索引，其成员是节点对象，可以使用方括号运算符取出。如果要在 NodeList 实例对象使用数组方法，则需要将 NodeList 实例转为真正的数组，利用 for... of 循环可以遍历 NodeList 实例对象。

HTMLCollection 实例对象是 Element 节点的集合。document. forms、document. images 等属性，返回的都是 HTMLCollection 实例对象。HTMLCollection 实例对象可以用 id 属性或 name 属性引用节点元素，可以使用方括号运算符根据成员的位置返回对应成员。

6.1.5 ParentNode 接口和 ChildNode 接口

不同的节点除了继承 Node 接口以外，还会继承其他接口。ParentNode 接口用于获取 Element子节点。Element 节点、document 节点和 DocumentFragment 节点，部署了 ParentNode 接口。该三类节点的 children 属性返回当前节点的所有 Element 子节点；firstElementChild 属性返回当前节点的第一个 Element 子节点；lastElementChild 属性返回当前节点的最后一个 Element 子节点；childElementCount 属性返回当前节点的所有 Element 子节点的数目。

Element 节点、DocumentType 节点和 CharacterData 接口，部署了 ChildNode 接口。这三类节点（接口），使用 remove 方法用于移除当前节点，调用这个方法的节点是被移除的节点本身，而不是它的父节点；before 方法用于在当前节点的前面，插入一个同级节点；after 方法用于在当前节点的后面，插入一个同级节点；replaceWith 方法使用参数指定的节点，替换当前节点。

6.2 document 节点

document 节点是文档的根节点，当浏览器载入文档，该节点对象就出现了。获取 document 节点有四种情况。

1）正常网页使用 document。

2）iframe 载入的网页，使用 iframe 节点的 contentDocument 属性。

3）Ajax 操作返回的文档，使用 XMLHttpRequest 对象的 responseXML 属性。

4）对于包含某个节点的文档，使用该节点的 ownerDocument 属性。

6.2.1 document 节点的属性

document. forms 属性返回页面中所有表单元素 form。document. images 属性返回页面所有图片元素（即 <img> 标签）。document. styleSheets 属性返回当前网页的所有样式表，每个样式表对象都有 cssRules 属性，返回该样式表的所有 CSS 规则。

document. designMode 属性控制当前文档是否可编辑，打开 iframe 元素包含的文档的 designMode 属性，就能将其变为一个所见即所得的编辑器。示例代码如下：

```
<script>
window.onload = function(){
  var editor = document.getElementById('editor');
  editor.contentDocument.designMode = 'on';
};
</script>
<iframe id="editor" src="about:blank"></iframe>
```

6.2.2 document 节点的方法

document.querySelector()方法接收一个 CSS 选择器作为参数，返回匹配该选择器的元素节点。document.querySelectorAll()方法返回一个 NodeList 对象，包含所有匹配给定选择器的节点。这两个方法的参数可以是逗号分隔的多个 CSS 选择器，返回匹配其中一个选择器的元素节点，不支持 CSS 伪元素的选择器和伪类的选择器。这两个方法除了定义在 document 对象上，在元素节点上也可以调用。

document.getElementsByTagName()方法返回指定 HTML 标签的所有元素，该方法可以在 document 对象上调用，也可以在任何元素节点上调用。

```
var firstDiv = document.getElementsByTagName('div')[0];
var spans = firstDiv.getElementsByTagName('span');
```

上面代码选中第一个 div 元素内部的所有 span 元素。

document.getElementsByClassName()方法返回一个 HTMLCollection 实例对象，包括了所有 class 名字符合指定条件的元素，参数可以是一个空格分隔的若干 class 组成。getElementsByClassName 方法可以在 document 对象上调用，也可以在任何元素节点上调用。

document.getElementById()方法返回匹配指定 id 属性的元素节点，这个方法只能在 document 对象上使用，不能在其他元素节点上使用。

document.createElement()方法生成网页元素节点，参数为元素的标签名。

document.createTextNode()方法生成文本节点，参数为所要生成的文本节点的内容。

```
var oNewP = document.createElement("p");
var oText = document.createTextNode("这是一个感人的故事");
oNewP.appendChild(oText);
```

上面代码新建一个 p 节点和一个文本节点，然后将文本节点插入 p 节点。

6.3 元素节点

元素（Element）节点对象对应网页的 HTML 标签元素，nodeType 属性是 1，不同 HTML 标签生成的元素节点是不一样的。

6.3.1 元素节点的属性

Element.id 属性返回指定元素的 id 属性。Element.tagName 属性返回指定元素的大写标签名，与 nodeName 属性的值相等。

Element. innerHTML 属性返回元素包含的 HTML 代码，该属性可读写，常用设置某个节点的内容。如果设置的是内容文本，则可以用 textContent 属性。

Element. outerHTML 属性返回一个字符串，内容为指定元素节点的所有 HTML 代码，包括它自身和包含的所有子元素。

Element. className 属性用来读写当前元素节点的 class 属性，值是一个字符串，每个 class 之间用空格分割。

Element. classList 属性返回一个类似数组的对象，当前元素节点的每个 class 就是这个对象的一个成员，该对象的 length 属性返回当前元素的 class 数量。classList 对象的 add 方法增加 class，remove 方法移除一个 class，toggle 方法将某个 class 移入或移出当前元素，toString 方法将 class 的列表转为字符串。示例代码如下：

```
<script language="javascript">
function change(){
  var oMy=document.getElementsByTagName("span")[0];
  oMy.classList.toggle("titleClass2");
  //如果 titleClass2 不存在就加入,否则移除
}
setInterval("change()",1000);
</script>
<span class="titleClass1">测试文本</span>
```

Element. children 属性返回一个 HTMLCollection 对象，包括当前元素节点的所有子元素。这个属性区别于 Node. childNodes 属性，只包括 HTML 元素类型的子节点，不包括其他类型的子节点。Element. childElementCount 属性返回当前元素节点包含的子元素节点的个数。

Element. firstElementChild 属性返回第一个元素类型的子节点，Element. lastElementChild 返回最后一个元素类型的子节点。如果没有元素类型的子节点，则返回 null。

Element. nextElementSibling 属性返回当前元素节点的后一个兄弟元素节点，如果没有则返回 null。Element. previousElementSibling 属性返回当前元素节点的前一个兄弟元素节点，如果没有则返回 null。

6.3.2　盒状模型相关属性

Element. clientHeight 属性返回元素节点可见部分的高度，Element. clientWidth 属性返回元素节点可见部分的宽度，即为元素的 CSS 高度（或宽度）加上 CSS 的 padding（内边距。）

Element. scrollHeight 属性和 Element. scrollWidth 属性返回某个网页元素高度或宽度，包括由于存在滚动条而不可见的部分。

Element. scrollLeft 属性表示网页元素的水平滚动条向右侧滚动的像素数量，Element. scrollTop 属性表示网页元素的垂直滚动条向下滚动的像素数量。这两个属性都可读写，设置该属性的值，会导致浏览器将指定元素自动滚动到相应的位置。

Element. offsetHeight 属性返回元素左下角距离左上角的位移，Element. offsetWidth 属性

返回右上角距离左上角的位移。这两个属性值包括 padding、border 和滚动条。

整张网页的以上属性需要从 document. documentElement 或 document. body 上读取。

6.3.3 元素节点的方法

Element. querySelector( )、Element. querySelectorAll ( )、Element. getElementsByTagName ( )、Element. getElementsByClassName( )查找与当前元素节点相关的节点，与部署在 document 对象上的用法一致。

Element. remove( )方法用于将当前元素节点从 DOM 树删除。Element. focus ( ) 方法用于将当前页面的焦点转移到指定元素上。

6.3.4 元素节点操作属性

HTML 元素包括标签名和若干个键值对，属性就是指键值对。通常在 DOM 通过元素节点对象来操作属性。

HTML 元素对象的 attributes 属性返回该元素的所有属性节点对象。属性节点对象有 name 和 value 属性，等同于 nodeName 属性和 nodeValue 属性。

Element. getAttribute( )方法返回当前元素节点指定属性的属性值。

Element. setAttribute( )方法为当前元素节点新增属性，若属性存在，则修改为新的属性值。

Element. hasAttribute( )方法返回一个布尔值，表示当前元素节点是否包含指定属性。

Element. removeAttribute( )方法用于从当前元素节点移除属性。

6.4 文本节点

文本（Text）节点代表元素节点和属性节点的文本内容。如果一个节点只包含一段文本，那么它就有一个 Text 子节点，代表该节点的文本内容，空格也会形成 Text 节点。通常使用 Node 的 firstChild、nextSibling 等属性获取 Text 节点，或者使用 document 节点的 createTextNode方法创造一个 Text 节点。Text 节点除了继承 Node 的属性和方法，还继承了 CharacterData 接口。

文本节点的 data 属性等同于 nodeValue 属性，用于设置或读取文本节点的内容。length 属性返回当前 Text 节点的文本长度。nextElementSibling 属性返回紧跟在当前 Text 节点后面的同级 Element 节点。previousElementSibling 属性返回当前 Text 节点前面最近的 Element 节点。

文本节点的 appendData 方法用于在 Text 节点尾部追加字符串。remove 方法用于移除当前 Text 节点。splitText 方法将 Text 节点一分为二，变成两个毗邻的 Text 节点，参数是分割位置。normalize 方法可以将毗邻的两个 Text 节点合并。

6.5 事件模型

事件是一种异步编程的实现方式，本质上是程序各个组成部分之间的通信。DOM 支持大量的事件。

6.5.1 EventTarget 接口

DOM 的监听和触发事件操作都定义在 EventTarget 接口。Element 节点和 document 节点都部署了这个接口。window 对象、XMLHttpRequest 等浏览器内置对象也部署了这个接口。该接口有 3 个方法。

1）addEventListener 方法用于在当前节点或对象上，定义一个特定事件的监听函数。addEventListener 方法接收 3 个参数。

① type：事件名称，大小写敏感。

② listener：监听函数，事件发生时调用。

③ useCapture：布尔值，值为 false 表示监听函数只在冒泡阶段被触发；值为 true 表示在捕获阶段被触发。

addEventListener 方法可以为当前对象的同一个事件添加多个监听函数，这些函数按照添加顺序触发。

```
<script language="javascript">
function commit(){
  console.log('提交信息');
}
var button=document.getElementById("reg");
button.addEventListener('click',commit,false);
</script>
```

在上面代码中，addEventListener 方法为 button 元素节点，绑定 click 事件的监听函数 commit，该函数只在冒泡阶段触发。

2）removeEventListener 方法移除 addEventListener 方法添加的事件监听函数，参数与 addEventListener方法一致。

3）dispatchEvent 方法在当前节点上触发指定事件，从而触发监听函数的执行。dispatchEvent 方法的参数是一个 Event 对象的实例。

```
<script language="javascript">
function commit(){
  console.log('提交信息');
}
var button=document.getElementById("reg");
button.addEventListener('click',commit,false);
var event=new Event('click');
button.dispatchEvent(event);
</script>
```

上面代码在当前节点触发了 click 事件。

6.5.2 监听函数

监听函数（listener）是事件发生时，程序所要执行的函数。DOM 提供三种方法为事件绑定监听函数。

1. HTML 标签的 on-属性

在元素标签的 on-属性中，直接调用函数或者定义事件的监听代码，即 on-属性的值是将会执行的代码，而不是一个函数，使用这个方法指定的监听函数只会在冒泡阶段触发。示例代码如下：

```
<input type=button id="reg" value=注册 onclick="commit()" >
<script language="javascript">
function commit(){
  console.log('提交信息');
}
</script>
```

2. 元素节点的事件属性

元素节点对象有事件属性，可以指定监听函数，该监听函数只在冒泡阶段触发。同一个事件只能定义一个监听函数，不能针对同一事件定义不同的监听函数，否则后面的监听函数会覆盖前面的监听函数。示例代码如下：

```
var reg=document.getElementById("reg");
reg.onclick=function(){
  console.log('提交信息');
};
```

3. addEventListener 方法

通过 window 对象、XMLHttpRequest 对象、document 节点、元素节点的 addEventListener 方法也可以定义事件的监听函数。addEventListener 方法可以为同一事件添加多个监听函数，可以指定在捕获阶段还是冒泡阶段触发监听函数。addEventListener 方法指定的监听函数，内部的 this 对象总是指向触发事件的那个节点。示例代码如下：

```
Xvar reg=document.getElementById("reg");
reg.addEventListener("click",hello,false);
reg.addEventListener("click",hello2,false);
function hello(){
  console.log(this.id+'提交信息1');
};
function hello2(){
  console.log(this.id+'提交信息2');
};
```

6.5.3 事件的传播

当一个事件发生后，会在文档父节点和子节点之间传播。

1. 传播的三个阶段

事件在不同的 DOM 节点之间传播分为三个阶段。

1）捕获阶段：事件从 window 对象传导至目标节点。

2）目标阶段：在目标节点上触发事件。

3）冒泡阶段：事件从目标节点传导回 window 对象。

假设 <div> 节点中嵌套一个 <p> 节点，对 <div> 进行单击，此时 click 事件的目标节点是单击位置嵌套最深的节点，即被 <div> 嵌套的 <p> 节点，所以 <p> 节点的捕获阶段和冒泡阶段都会显示为目标阶段。

在捕获阶段，事件从 <div> 向 <p> 传播时，触发 <div> 的 click 事件；在目标阶段，事件从 <div> 到达 <p> 时，触发 <p> 的 click 事件；在目标阶段，事件离开 <p> 时，触发 <p> 的 click 事件；在冒泡阶段，事件从 <p> 传回 <div> 时，再次触发 <div> 的 click 事件。

2. 事件代理

事件会在冒泡阶段由子节点向上传播到父节点，可以把子节点的监听函数定义在父节点上，由父节点的监听函数统一处理多个子节点的事件，以后再添加子节点，监听函数依然有效，这种做法称为事件代理。如果希望事件到某个节点为止，不再传播，则可以使用事件对象的 stopPropagation 方法。示例代码如下：

```
var ul = document.querySelector('ul');
ul.addEventListener('click', function(event){
  if(event.target.tagName.toLowerCase() === 'li'){
  console.log(event.target.innerHTML);
  }
});
var div = document.querySelector('div');
div.addEventListener('click', function(event){
  if(event.target.tagName.toLowerCase() === 'p'){
  console.log(event.target.innerHTML);
  }
});
var p = document.querySelector('p');
p.addEventListener('click', function(event){
  event.stopPropagation();
});
```

6.6 事件对象

事件发生时会生成一个事件（Event）对象，所有的事件都是 Event 对象的实例，作为参数传给监听函数。Event 对象是一个构造函数，它接收两个参数：第一个参数是字符串，表示事件的名称；第二个参数是一个对象，表示事件对象的配置。第二个参数有两个属性：bubbles 布尔值，可选，默认为 false，表示事件对象是否冒泡；cancelable 布尔值，可选，默认为 false，表示事件是否可以被取消。事件在冒泡过程中，如果有一个元素定义了该事件的监听函数，则监听函数就会触发。

```
function commit(){
  console.log('提交信息');
}
document.addEventListener('myobserve',commit,false);
var event =new Event(
  'myobserve',
  {
    'bubbles': true,
    'cancelable': false
  }
);
document.dispatchEvent(event);
```

上面代码创建了 myobserve 事件实例，然后使用 dispatchEvent 方法触发该事件。

6.6.1 事件对象的属性

Event 构造函数生成的事件默认是不冒泡的。event. bubbles 为只读属性，返回一个布尔值，只能在新建事件时改变，表示当前事件是否会冒泡。

event. eventPhase 属性返回一个整数值，表示事件目前所处的阶段。值为 0 表示事件没有发生；值为 1 表示事件正处于从祖先节点向目标节点的传播捕获阶段，该过程从 window 对象到 document 节点，再到 html 节点，直到目标节点的父节点为止；值为 2 表示事件到达 target 属性指向的目标节点；值为 3 表示事件正处于从目标节点向祖先节点的反向传播冒泡阶段，该过程是从父节点一直到 window 对象，bubbles 属性为 true 时，冒泡阶段才可能发生。

event. cancelable 属性返回一个布尔值，表示事件是否可以取消。

event. currentTarget 属性返回事件当前所在的节点，即正在执行的监听函数所绑定的那个节点，等同于 this 对象。event. target 属性返回触发事件的那个节点，即事件最初发生的节点。这两个属性在捕获阶段和冒泡阶段返回的值不同。

```
<p id="author">公众号:<span>互联网</span></p>
<script language="javascript">
function hide(e){
  console.log(this===e.target);
  e.target.style.visibility="hidden";
}
var author=document.getElementById("author");
author.addEventListener('click', hide, false);
</script>
```

上面代码可见，单击 <span> 节点时，e. target 指 <span> 节点，this 指 <p> 节点，二

者不同，值为 false，<span>节点隐藏；单击<p>节点时，e. target 指<p>节点，this 指<p>节点，二者相同，值为 true，<p>节点隐藏。

event. type 属性返回一个字符串，表示事件类型，大小写敏感。

event. detail 属性返回一个数值，表示事件的某种信息，与事件类型有关。

event. timeStamp 属性返回一个毫秒时间戳，表示事件发生的时间。

event. isTrusted 属性返回一个布尔值，用户触发的事件返回 true，脚本触发的事件返回 false。

6.6.2 事件对象的方法

event. preventDefault( )方法在事件的传播阶段，取消浏览器对当前事件的默认行为，要求事件的 cancelable 属性为 true。

event. stopPropagation( )方法阻止事件在 DOM 中继续传播，防止再触发定义在别的节点上的监听函数，但是不包括在当前节点上新定义的事件监听函数。

```
X <div> <p>会员注册 </p> </div>
<script language="javascript">
var p=document.querySelector('p');
p.addEventListener('click', function(event){
  console.log(this);
  event.stopPropagation();
});
```

上面代码单击<p>节点会阻止事件进一步冒泡到<div>父节点。

event. stopImmediatePropagation( )方法阻止同一个事件的其他监听函数被调用。如果针对同一个事件为同一个节点指定了多个监听函数，这些函数会根据添加的顺序依次调用。如果有一个监听函数调用了 stopImmediatePropagation 方法，其他的监听函数将不会再执行。

```
<p>公众号: <span id="author">互联网 </span> </p>
<script language="javascript">
function print1(e){
  console.log(e.currentTarget);
  e.stopImmediatePropagation();
}
function print2(e){
  console.log(e.currentTarget);
}
var author=document.getElementById("author");
author.addEventListener('click', print, false);
author.addEventListener('click', print2, false);
</script>
```

上面代码在<span>节点上，为 click 事件添加了两个监听函数 print1 和 print2。由于

print1 调用了 stopImmediatePropagation 方法，所以 print2 不会被调用。

6.7 事件种类

常见事件主要有鼠标事件、拖拉事件和触摸事件等事件。

6.7.1 鼠标事件

当用户在 document 节点、元素节点上单击鼠标时，会触发 click（单击）事件。

当鼠标在一个节点内部移动时会触发 mousemove（鼠标移动）事件，当鼠标持续移动时，该事件会连续触发，通常需要设置监听函数限定一段时间内只能运行一次代码。

当鼠标进入一个节点时会触发 mouseover（鼠标悬停）事件，在节点内部移动，该事件会在子节点上触发多次。

当鼠标离开一个节点时会触发 mouseout（鼠标离开）事件，子节点的 mouseout 事件会冒泡到父节点，进而触发父节点的 mouseout 事件。

```
Xvar recipes = document.getElementById('recipes');
recipes.addEventListener('mouseover',change, false);
function change(event)
{
  event.target.style.color = '#f00';
  setTimeout(function(){event.target.style.color = '';}, 500);
}
```

上面代码进入 ul 节点以后，只要在 li 节点上移动，mouseover 事件就会触发多次。

6.7.2 拖拉事件

拖拉过程是指用户在某个对象上按下鼠标键不放，拖动它到指定位置，然后释放鼠标键。拖拉对象包括元素节点、图片、文本等。元素节点默认不可以拖拉，将元素节点的 draggable 属性设为 true 便可以被拖拉，一旦元素节点的 draggable 属性设为 true，就无法再用鼠标选中该节点内部的文字或子节点了。图片和文本等默认可以直接拖拉，将其 draggable 属性设为 false 可以防止被拖拉。

当元素节点或选中的文本被拖拉时，会触发拖拉事件。在拖拉过程中，被拖拉的节点上会持续触发 drag 事件；拖拉开始时在被拖拉的节点上触发 dragstart 事件，在该事件的监听函数中指定拖拉的数据；拖拉结束时在被拖拉的节点上触发 dragend 事件，该事件与 dragstart 事件的 target 属性均是指被拖拉的节点。

拖拉进入当前节点时，在当前节点上触发 dragenter 事件，该事件的 target 属性是当前节点。通常应该在 dragenter 事件的监听函数中，指定是否允许在当前节点放下拖拉的数据。如果当前节点没有该事件的监听函数，或者监听函数不执行任何操作，就意味着不允许在当前节点放下数据。

拖拉到当前节点上方时，在当前节点上持续触发 dragover 事件，该事件的 target 属性是当前节点，默认会重置当前的拖拉事件的效果为 none，不允许放下被拖拉的节点。如果允许在当前节点放下数据，则需要使用 preventDefault 方法取消重置拖拉效果。拖拉离开当前节点范围时，在当前节点上触发 dragleave 事件，该事件的 target 属性是当前节点。网页大部分区域不允许作为 drop 的目标节点，所以 dragover 事件和 dragleave 事件的默认设置为当前节点不允许 drop。如果想要在目标节点上 drop 拖拉的数据，必须阻止这两个事件的默认行为，或者取消这两个事件。

被拖拉的节点或选中的文本释放到目标节点时，在目标节点上触发 drop 事件。

所有的拖拉事件都有一个 dataTransfer 对象，它用来保存需要传递的数据。dataTransfer 对象的 effectAllowed 属性设置本次拖拉中允许的效果，值为 move 表示可以移动被拖拉的节点，dragstart 事件的监听函数可以设置被拖拉节点允许的效果；dragenter 和 dragover 事件的监听函数可以设置目标节点允许的效果。dataTransfer 对象的 setData 方法用来设置事件所带有的指定类型的数据，接收两个参数：第一个是数据类型，如" text/plain"；第二个是具体数据。

```
<div id="dragdiv" draggable="true" class="divblok">我要移动 </div>
<script language="javascript">
    var dragdiv=document.getElementById('dragdiv');
    var x, y;
    dragdiv.addEventListener('dragstart', function(e){
        e.dataTransfer.effectAllowed="move";
        //移动效果
        e.dataTransfer.setData("text", '');
        //附加数据,没有这一项,firefox 中无法移动
        x=e.offsetX ||e.layerX;
        y=e.offsetY ||e.layerY;
        return true;
    }, false);
    document.addEventListener('dragover', function(e){
      //取消冒泡,不取消则不能触发 drop 事件
        e.preventDefault()||e.stopPropagation();
    }, false);
    document.addEventListener('drop', function(e){
        dragdiv.style.left=(e.pageX - x)+'px';
        dragdiv.style.top=(e.pageY - y)+'px';
        e.preventDefault()||e.stopPropagation();
        //不取消,firefox 中会触发网页跳转到查找 setData 中的内容
    }, false);
</script>
```

上面代码生成一个在不同浏览器中可拖动的方块。

6.7.3 触摸事件

触摸事件包含三个事件对象：Touch 对象表示手指或者触摸笔等触摸点，用于描述触摸动作，包括位置、大小、形状、压力、目标元素等属性。如果触摸动作由多个触摸点组成，多个触摸点的集合由 TouchList 对象表示。TouchEvent 对象代表由触摸引发的事件，只有触摸屏才会引发这一类事件。很多时候，触摸事件和鼠标事件同时触发，如果仅允许触摸事件发生，则需要使用 preventDefault 方法阻止发出鼠标事件。

Touch 对象的 identifier 属性表示 Touch 实例的识别符，在整个触摸过程中保持不变；screenX 属性和 screenY 属性分别表示触摸点相对于屏幕左上角的横坐标和纵坐标，与页面是否滚动无关；clientX 属性和 clientY 属性分别表示触摸点相对于浏览器视口左上角的横坐标和纵坐标，与页面是否滚动无关；pageX 属性和 pageY 属性分别表示触摸点相对于当前页面左上角的横坐标和纵坐标，包含了页面滚动带来的位移；force 属性返回一个 0 到 1 之间的数值，表示触摸压力，0 表示没有压力，1 表示硬件所能识别的最大压力；target 属性返回一个元素节点，表示触摸发生的那个节点。

手指或者触摸笔接触屏幕，触摸范围会形成一个椭圆，Touch 对象的 3 个属性用于描述该椭圆区域：radiusX 属性和 radiusY 属性分别返回触摸点周围受到影响的椭圆范围的 X 轴和 Y 轴，单位为像素；rotationAngle 属性表示触摸区域的椭圆的旋转角度，单位为度数，在 0°~90°之间。

TouchList 对象表示与触摸事件相关的所有触摸点。TouchList 对象的 identifiedTouch 方法和 item 方法分别使用 id 属性和索引值作为参数，取出指定的 Touch 对象。

TouchEvent 对象继承 Event 对象和 UIEvent 对象，表示触摸引发的事件。除了被继承的属性以外，它还有一些自己的属性。TouchEvent 对象的 changedTouches 属性返回一个 TouchList 对象，包含了由当前触摸事件引发的所有 Touch 对象。

触摸引发的事件主要有四类。用户接触触摸屏时触发 touchstart 事件，它的 target 属性返回发生触摸的 Element 节点；用户不再接触触摸屏时触发 touchend 事件，它的 target 属性与 touchstart 事件的 target 属性是一致的，它的 changedTouches 属性返回一个 TouchList 对象，包含所有不再触摸的触摸点；用户移动触摸点时触发 touchmove 事件，它的 target 属性与 touchstart 事件的 target 属性一致；触摸点取消时触发 touchcancel 事件，此时可以在触摸区域弹出一个模态窗口。

```
 <canvas id="myCanvas" width="200" height="200"></canvas>
 <script>
var el = document.getElementsByTagName("canvas")[0];
el.addEventListener("touchstart", handleStart, false);
el.addEventListener("touchmove", handleMove, false);
function handleStart(evt){
  evt.preventDefault(); //阻止浏览器继续处理触摸事件,也阻止发出鼠标事件
  var touches = evt.changedTouches;
  for(var i = 0; i < touches.length; i++){
```

```
        test.innerHTML = test.innerHTML + touches[i].pageX + ":" + touches[i]
.pageY + "\n";
      }
    }
    function handleMove(evt){
      evt.preventDefault();
      var touches = evt.changedTouches;
      for(var i = 0; i < touches.length; i ++){
        var id = touches[i].identifier;
        var touch = touches.identifiedTouch(id);
        test.innerHTML = test.innerHTML + touch.pageX + ":" + touch.pageY + "\n";
      }
    }
    </script>
```

上面代码获取接触触摸屏和移动触摸点时相对于当前页面左上角的坐标位置。

6.8 操作CSS

通常采用元素节点的getAttribute方法、setAttribute方法和removeAttribute方法，直接读写或修改该节点的style对象属性，以达到操作CSS样式的目的。

6.8.1 style对象

DOM节点的style对象属性与CSS样式属性相对应，可以直接获取或设置，部分属性名需要改写，CSS允许font-size这样的名称，但它并非JavaScript有效的属性名。如果直接在JavaScript中出现font-size，意思是font减去size，所以在JavaScript中使用时需要将横杠去除改写为驼峰式命名fontSize。如果CSS属性名是JavaScript保留字，则规则名之前需要加上字符串css，比如float写成cssFloat。style属性值都是字符串，部分属性值设置时必须包括单位。

```
  <img id = "xImg" src = "fruit.jpg" alt = "">
  <script>
    var xImg = document.getElementById("xImg");
    xImg.addEventListener("mouseover",change,false);
    function change()
  {
      xImg.style.transition = "all linear 3s";
      xImg.style.width = "300px";
      xImg.style.height = "300px";
      xImg.style.opacity = "0.5";
```

```
}
</script>
```

上面代码通过监听图片上的鼠标悬停事件，改写图片元素的 CSS 样式。

元素节点 style 对象的 cssText 属性，可以读写或删除整个样式。style 对象的 getPropertyValue（propertyName）方法读取 CSS 属性；setProperty（propertyName，value）方法设置属性；removeProperty（propertyName）方法删除 CSS 属性。这 3 个方法的第一个参数都是 CSS 属性名，无须改写。

```
<img id="xImg" src="fruit.jpg" alt="">
<script>
var xImg=document.getElementById("xImg");
xImg.addEventListener("mouseover",change,false);
function change()
{
      var xImgStyle=xImg.style;
      xImgStyle.cssText = 'border:10px solid #f00;height:300px;width:
300px;';
      xImgStyle.setProperty('border-radius','50%');
      console.log(xImgStyle.getPropertyValue('border-radius'));
      xImgStyle.removeProperty('border-radius');
}
</script>
```

上面代码 style 对象的 cssText 属性和方法修改图片元素的 CSS 样式。

6.8.2 读写 CSS 伪元素

CSS 伪元素包括 after、before、first-letter 等，通过合理地利用伪元素，可以让网页结构更简洁。通常写法如 p:after{content:' '}，其中 content 内容可以是字符，也可以是图片。

元素节点的 style 对象无法直接读写伪元素的样式，需要应用 window 对象的 getComputedStyle 方法获取伪元素。示例代码如下：

```
<style>
#test:before{content:url(tomcat.gif);}
#test{color:#f00;}
#test:after{content:'说明';color:#0FF;}
</style>
<div id="test">菜品图片</div>
<script>
var test=document.querySelector('#test');
var result = window.getComputedStyle (test, ':before').content;//url
("file:///../tomcat.gif")
```

```
var color = window.getComputedStyle(test, ':after').color;//rgb(0, 255, 255)
console.log(result);
console.log(color);
</script>
```

6.8.3 CSS 事件

CSS 的过渡效果结束时会触发 transitionend 事件。transitionend 事件对象的 propertyName 属性表示发生 transition 效果的 CSS 属性名；elapsedTime 属性表示 transition 效果持续的秒数；pseudoElement 表示 transition 效果若发生在伪元素将返回伪元素名称，否则返回空字符串。示例代码如下：

```
<style>
#info{transition:all linear 3s;}
#info:hover{background-color:#f00;}
</style>
<div id="info">菜品图片</div>
<script>
var info = document.getElementById("info");
info.addEventListener('transitionend', onTransitionEnd, false);
function onTransitionEnd(e)
{
  console.log(e.propertyName);//background-color
  console.log(e.elapsedTime);//3
  console.log(e.pseudoElement);//" "
  console.log('过渡结束');//过渡结束
}
</script>
```

CSS 动画有三个事件：动画开始时触发 animationstart 事件；动画结束时触发 animationend 事件；开始新一轮动画循环时触发 animationiteration 事件，当 animation-iteration-count 属性仅为 1 时不会触发该事件。

事件对象的 animationName 属性表示产生过渡效果的 CSS 属性名；elapsedTime 属性表示动画已经运行的时间。元素节点 style 对象的 animation-play-state 属性可以控制动画的状态，值为 paused 表示暂停，值为 running 表示播放。示例代码如下：

```
var circle = document.getElementById("circle");
circle.addEventListener("animationstart", listener, false);
circle.addEventListener("animationend", listener, false);
circle.addEventListener("animationiteration", listener, false);
function listener(e){
  var li = document.createElement("li");
  switch(e.type){
```

```
    case "animationstart":
      li.innerHTML = "动画开始:运行时间" + e.elapsedTime;
      break;
    case "animationiteration":
      li.innerHTML = "动画过去时间" + e.elapsedTime;
      break;
    case "animationend":
      li.innerHTML = "动画结束:运行时间" + e.elapsedTime;
      break;
  }
  document.getElementById("output").appendChild(li);
}
```

6.9 DOM 应用案例

案例的目的是让学生通过利用 JavaScript 代码结合 DOM 元素实现常用的网页交互效果，熟悉 JavaScript 代码对 DOM 标准的实现和用法。

6.9.1 案例——文字颜色交替变化

编写 JavaScript 代码，要求在网页上放置一行文字，这行文字颜色一会儿显示为红色，一会儿显示为蓝色，即红蓝交替变换，间隔时间为 1s。

6.9.2 案例——实现选项卡效果

设计一个具有选项卡的网页，为该网页添加事件响应处理代码，使得选项卡具备可选效果，效果如图 6-1 所示。

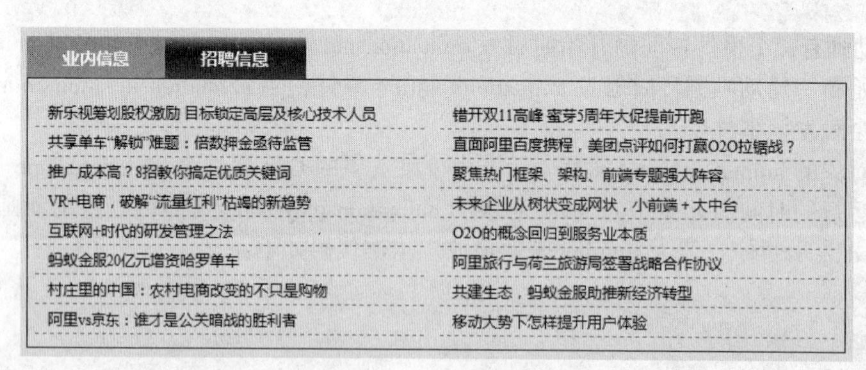

图 6-1 选项卡效果

6.9.3 案例——实现图片幻灯片效果

设计一个多角度显示产品图片的网页，为该网页添加事件响应处理代码，使得网页图片具备幻灯片播放效果，效果如图6-2所示。

图6-2　图片幻灯片效果

6.10　DOM应用案例分析

操作一个DOM节点，首先需要通过各种方式找到该节点，然后针对该节点执行遍历、添加、更新或删除等操作。

6.10.1　修改元素节点CSS类别

元素节点的className属性可以修改该节点的CSS类别。修改className属性是对CSS样式进行替换，而不是添加，如果不希望将原有的CSS样式覆盖，则可以采用追加，前提是保证追加的CSS类别中的各个属性与原先的属性不重复。

```
function clockon()
{
var info=document.getElementById("info");
if(info.className==="tipblue")
    info.className="tipred";
else
    info.className="tipblue";
}
window.setInterval("clockon()",1000);
```

上面代码表示首先获取文字所在元素节点info，然后利用定时器交替修改节点的className属性值。

元素节点的classList属性返回一个类似数组的对象，节点的每个class是这个对象的一个成员，该对象的toggle方法可以将某个class类别移入或移出当前元素。

```
function clockon()
{
  var info = document.getElementById("info");
  info.classList.toggle("tipred");
}
setInterval("clockon()",1000);
```

在上面代码中，使用 classList 对象的 toggle 方法也可以实现 class 类别的替换。

6.10.2 隐藏与显现元素节点

在设计网页时，最好给每一个需要交互的元素设定一个唯一的 id，便于查找。DOM 节点的 style 对象属性 display 或 visibility，可以控制该节点内容的显示与隐藏。如果设置 display 属性值为 block，则可以显示节点内容；如果设置 display 属性值为 none，将隐藏节点内容。设置 visibility 的属性值为 visible，可以显示节点内容；设置 visibility 的属性值为 hidden，将隐藏节点内容。

在使用 display 属性隐藏节点时，被隐藏的节点不占位置，其他元素将紧接着顺序显示；使用 visibility 属性隐藏节点时，只是隐藏了当前元素对象的内容，但仍保留着其位置。

6.10.3 修改元素节点属性

找到需要的节点之后通常希望对其属性做相应的设置，DOM 定义了两个便捷的方法来查询和设置节点的属性，即 getAttribute 和 setAttribute 方法。这两个方法不能通过 document 对象调用，只能通过一个元素节点对象来调用。

产品小图片节点利用 getAttribute 方法可以获取其 href 属性值，该值表示产品大图片所在的文件路径，假定赋给变量 source。放置产品大图片的元素节点调用 setAttribute 方法将其 src 属性设置为 source，这样该元素节点的图片可以根据选择而变换。

产品描述节点的 textContent 属性可以获取该节点的文本内容，它是可读写的，所以可以根据选择而变换。产品描述节点的文本子节点的 nodeValue 属性值也可以读写文本内容。

第7章

JSP语法与内置对象

JSP 页面主要由 HTML 标签、文本、JSP 标记、JSP 脚本程序组成。JSP 脚本程序包含 Java 语句、变量、方法或表达式，它们在脚本语言中是有效的。任何文本、HTML 标签、JSP 标记必须写在脚本程序的外面。

7.1 JSP 语法

JSP 声明的变量和方法、JSP 标记均由服务器负责处理和执行。

7.1.1 JSP 声明

JSP 声明语句可以声明一个或多个变量、方法，供后面的 Java 代码使用。在 JSP 文件中，必须在" <%!"和"% >"先声明这些变量和方法，然后才能使用它们。" <%!"和"% >"之间声明的变量在整个 JSP 页面内有效，变量的内存空间直到服务器关闭后才释放。当多个用户请求一个 JSP 页面时，JSP 引擎为每个用户启动一个线程，这些线程由 JSP 引擎来管理，这些线程共享 JSP 页面的共享变量，因此任何一个用户对 JSP 页面成员变量操作的结果，都会影响其他用户。

```
<%!
  int i =0;
% >
<%
  i ++;
  out.print(i);//每个用户调用页面时 i 值累加变化
% >
```

上面代码" <%!"和"% >"之间声明方法，该方法在整个 JSP 页面内有效。方法内定义的变量是局部变量，只在该方法内有效，当方法被调用时，方法内定义的变量被分配内存，调用完毕即可释放所占的内存。

在" <%"和"% >"之间的 Java 代码可以直接声明变量，该变量称作 JSP 页面的局部变量，有效范围与其声明的位置有关，在 JSP 页面后继的所有代码以及表达式部分均有效。JSP 运行时一个用户改变局部变量的值不会影响其他用户的局部变量，当一个线程将 Java 程序代码执行完毕，运行在该线程中的 Java 代码的局部变量释放所占有的内存。

可以在"<%="和"%>"之间插入一个表达式,"<%"和"="之间不要有空格，插入的表达式必须能求值，表达式的值由服务器负责计算，并将计算结果用字符串形式发送到客户端表示。

```
<%@ page contentType="text/html;charset=UTF-8" %>
<! DOCTYPE html>
<html>
<head>
<meta charset="UTF-8">
<title>前后端测试</title>
<style type="text/css">
.rand
{
color:#0000FF;
font-family:Arial;
font-weight:bold;
}
</style>
<script language="javascript">
function rand()
{
    var s;
    s=Math.floor(Math.random()*(9999-1000+1)+1000);
    var oSpan=document.getElementsByTagName("span")[0];
    oSpan.innerHTML=s;
}
</script>
</head>
<body onload=rand()>
<div>前端js生成1000~9999之间的一个随机数:<span class="rand"></span>
</div>
<div>
    后台java生成1000~9999之间的一个随机数:
    <span class="rand"><%=(int)(Math.random()*(9999-1000+1)+
1000)%></span>
</div>
</body>
</html>
```

上面代码分别在服务器端调用 Java 代码和前端浏览器调用 JavaScript 生成随机数，效果如图 7-1 所示。

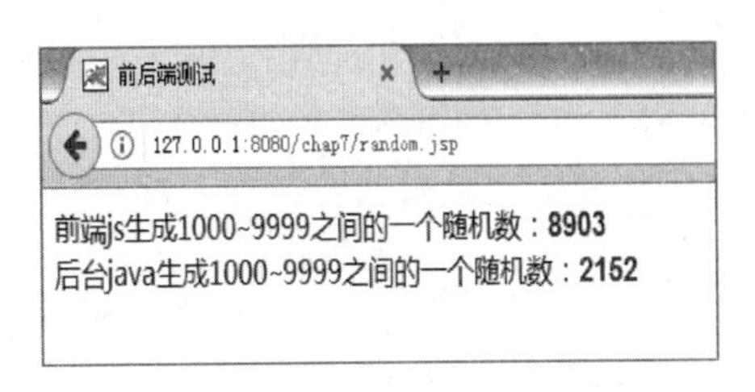

图7-1 前后端生成随机数

7.1.2 JSP标记

JSP指令标记用来设置整个JSP页面相关的属性，如网页的编码方式和脚本语言。

page指令为容器提供当前页面的使用说明。一个JSP页面可以包含多个page指令。page指令的格式如下。

```
<%@ page 属性="属性的值"%>
```

属性可以是contentType，属性值指定当前JSP页面的MIME类型和字符编码，JSP页面使用page指令只能为contentType指定一个值，不允许两次使用page指令给contentType属性指定不同的属性值；属性可以是import，属性值是要导入使用的Java类，可以指定多个值，这些值用逗号分隔，而给其他属性只能指定一个值；属性可以是buffer，属性值指定out对象使用缓冲区的大小。

JSP可以通过include指令来包含其他文件，可以实现代码的重复。被包含的文件可以是JSP文件、HTML文件或文本文件；被包含的文件就好像是该JSP文件的一部分，会被同时编译执行；被包含的文件允许使用page指令指定contentType属性的值，但指定的值必须和嵌入该文件的JSP页面中的page指令指定的contentType属性的值相同。

JSP动作标记在请求处理阶段起作用。JSP动作元素是用XML语法写成的，格式如下。

```
<jsp:动作名称 属性="属性值" />
```

include动作标记包含静态或动态的文件，把指定文件插入正在生成的页面。include指令标记是在JSP文件被转换成Servlet的时候引入文件；include动作标记是在插入文件的页面被请求时执行。include动作标记一般和param动作标记一块使用。

param标记以"名字-值" 对的形式为其他标记提供附加信息。param标记不能独立使用，需作为jsp：include或jsp：forward标记的子标记来使用。当该标记与jsp：include动作标记一起使用时，可以将param标记中的值传递到include动作标记要加载的文件中去。

forward动作标记从该标记处停止当前页面的继续执行，而转向执行page属性指定的JSP页面。forward动作标记指定转向JSP文件可以使用Tomcat服务器提供的request内置对象获取param子标记中name提供的信息。

```
<%@ page contentType="text/html;charset=UTF-8" %>
<! DOCTYPE html>
<html lang="en">
<head>
```

```
<meta charset="UTF-8">
<title>forward 动作标记</title>
</head>
<body>
<%
  double i=Math.random();
    if(i>0.5)
    {
%>
<jsp:forward page="frontSide.jsp" >
     <jsp:param name="number" value="<%=i %>" />
</jsp:forward>
<%
    }
  else
    {
%>
<jsp:forward page="reverseSide.jsp" >
         <jsp:param name="number" value="<%=i %>" />
</jsp:forward>
 <%
    }
 %>
</body>
</html>
```

上面代码根据 i 的值调用执行相应的 forward 动作标记和 param 动作标记转向对应网页，效果如图 7-2 所示。

图 7-2　动作标记使用效果

7.2 JSP 内置对象

浏览器客户端脚本使用 JavaScript 语言，代码中可使用 JavaScript 内置对象和浏览器对象。服务器脚本使用 Java 语言，可以使用一些特殊对象，这些对象可以在 JSP 页面的 Java 程序片和 Java 表达式部分使用，称为 JSP 内置对象。

7.2.1 out 对象

out 对象是 javax. servlet. jsp. JspWriter 类的实例，用来在 response 对象中写入内容。JspWriter 类包含了大部分 java. io. PrintWriter 类中的方法。out 对象用于把服务器处理结果输出到浏览器网页中，out 对象调用方法 print( )输出结果，可以将 out. print 缩写成一个" = "。

7.2.2 request 对象

request 对象是 javax. servlet. http. HttpServletRequest 类的实例。每当客户端请求一个 JSP 页面时，JSP 引擎就会制造一个新的 request 对象来代表这个请求。request 对象提供了一系列方法来获取 HTTP 头信息、cookies、HTTP 方法等。

浏览器数据传输方法有表单传递方式和超链接传递方式，使用 GET 和 POST 方法向服务器提交数据，让后台程序处理。GET 方法将请求的编码信息添加在网址后面，网址与编码信息通过"?" 号分隔，该方法是浏览器默认传递参数的方法。一些敏感信息如密码等建议不使用 GET 方法，传输数据的大小有限制，最大为 1024B。表单 POST 方式提交数据是隐式的，是不可见的。

request 对象获取从浏览器传输过来的信息，使用 request. getParameter( )方法来获取表单参数的值；getParameterValues( )获取表单复选框（名字相同，但值有多个）的数据，返回字符串数组；getParameterNames( )方法可以取得所有变量的名称，该方法返回一个 Emumeration 枚举，针对该枚举可以调用 hasMoreElements( )方法确定是否有元素，以及使用 nextElement( )方法来获得每个参数的名称；getInputStream ( ) 方法读取来自客户端的二进制数据流；getMethod( )方法获取客户端向服务器端传送数据的方法，如 POST 或 GET；getRemoteAddr( )方法获取客户的地址；getServerName( )方法获取服务器名称；getServerPort( )方法获取服务器端口号。

当用 request 对象获取客户提交的汉字字符时，会出现乱码问题。表单中的汉字信息提交给表单处理程序后，表单处理程序需对获取的信息进行特殊处理。将获取的字符串用 ISO-8859-1 进行编码，并将编码存放到一个字节数组中，再将这个数组转化为字符串对象，此时获取的字符串为汉字编码。表单无论以 POST 方式还是以 GET 方式传递中文字符串，接收页都可以将接收到的字符串乱码先转换为 ISO-8859-1 编码字节数组，然后将该字节数组转换为 UTF-8 编码字符串。

表单以 POST 方式传递多条中文字符串，接收页也可以通过 request 对象调用 setCharacterEncoding 方法，即 request. setCharacterEncoding （"UTF-8"），统一将获取的信息转换为 UTF-8 编码，该方法适用于任何版本的 Tomcat。若针对 Tomcat 8. 0 以上版本，GET 方式依然出现乱码，则是配置文件的问题，需要修改 server. xml。

```
<%@ page contentType="text/html; charset=UTF-8"%>
<!DOCTYPE html>
<html>
<head>
<meta charset="UTF-8" />
<title>登录检测</title>
</head>
<body>
<div align="center">
<%
 String user=request.getParameter("username");
 byte[] b=user.getBytes("ISO-8859-1");
 user=new String(b,"UTF-8");
 String pass=request.getParameter("pass");
 byte[] d=pass.getBytes("ISO-8859-1");
 pass=new String(d,"UTF-8");
 if(!user.equals("设计者")){
%>
<script language=javascript>
 alert('用户名错误!');
 history.back(-1);
</script>
<%
 }
 else if(!pass.equals("123456")){
%>
<script language=javascript>
   alert('密码错误!');
   history.back(-1);
</script>
<%}
   else{
     out.print("欢迎"+user+"的到来!");
   }
%>
</body>
</html>
```

上面代码接收从表单页传递过来的 username 和 pass 值，进行编码转换，并进行字符串比较处理。

http 查询字符串中的变量值由问号（?）后面的值指定，request 对象可以获取 http 查询字符串中的变量值，通过 request. getParameter（"变量"）读取，其中"变量" 是指查询字符串中的参数变量名。

7.2.3 response 对象

response 对象是 javax. servlet. http. HttpServletResponse 类的实例。当服务器创建 request 对象时会同时创建用于响应这个客户端的 response 对象。response 对象也定义了处理 HTTP 表头模块的接口，可以添加新的 cookies、时间戳、HTTP 状态码等。response 响应对象主要将 JSP 容器处理后的结果传回到客户端。

response 对象的 sendRedirect（String url）方法实现网页重定向，根据用户在网页上的操作情况，将当前用户引导至其他页面。

```
<%
  String str=null;
  str=request.getParameter("boy");
  if(str==null){str="";}
  byte b[]=str.getBytes("ISO-8859-1");
  str=new String(b,"UTF-8");
  if(str.equals("")){
    response.sendRedirect("error.jsp? id=3");
  }
  else{
      out.print("欢迎您来到本网页!");
      out.print(str);
    }
%>
```

上面代码根据字符串的检测结果执行跳转，网址会发生相应变化。forward 动作指令用于当前的 JSP 页面转移到另一个页面，网址不发生改变。

response 调用 setHeader()方法设置响应表头名称和内容，如 response. setHeader("refresh","3")将信息发送至浏览器，浏览器每隔 3s，再次要求调用该动态页面。

7.2.4 session 对象

session 对象是 javax. servlet. http. HttpSession 类的实例，它用来跟踪在各个客户端请求间的会话。

JSP 利用 Servlet 提供的 HttpSession 接口来识别一个用户，存储这个用户的所有访问信息。默认情况下，JSP 允许会话跟踪，一个新的 HttpSession 对象将会自动地为新的客户端实例化，禁止会话跟踪需要显式地关掉它，通过将 page 指令中 session 属性值设为 false 来实现。

从一个客户打开浏览器并连接到服务器开始，到客户关闭浏览器离开这个服务器结束，被称作一个会话。当一个客户访问一个服务器时，可能会在这个服务器的几个页面之间跳转连接、反复刷新一个页面或不断地向一个页面提交信息。服务器通过 session 对象记录客户信息，以识别客户，保存在网页传递时使用的变量。可以使用 session 对象存储用户登录网站时候的信息，当用户在页面之间跳转时，存储在 session 对象中的变量不会被清除，在当前用户连接的所有页面中都是可以被访问到的。

当用户登录网站的时候，系统会自动分配给用户一个 session 对象，可以使用 getId( )方法得到该 session 的 ID。ID 是唯一的，用来表示每一个用户，当刷新浏览器的时候，这个值是不变的。当一个客户首次访问服务器上的一个 JSP 页面时，服务器产生一个 session 对象，每个 session 对象的建立都有一个唯一的 String 类型的 ID，服务器同时将 ID 发送到客户端，存放在客户的 Cookie 中。

每个客户都对应着一个 session 对象，各个客户的 session 对象互不相同，具有不同的 ID。当某个客户在服务器的几个页面之间进行连接，只要不关闭浏览器，几个页面的 session 对象是完全相同的。当关闭浏览器后，session 对象消失。

session 对象能和客户建立起一一对应关系依赖于客户的浏览器是否支持 Cookie。如果客户端不支持 Cookie，那么客户在不同网页之间的 session 对象可能是互不相同的，因为服务器无法将 ID 存放到客户端，就不能建立 session 对象和客户的一一对应关系。

session 对象调用 setAttribute( )方法将参数 Object 指定的对象 obj 添加到 session 对象中，并为添加的对象指定了一个索引关键字（key），如果添加的两个对象的关键字相同，则先前添加的对象被清除；调用 getAttribute( )方法获取 session 对象中关键字对应的对象，由于任何对象都可以添加到 session 对象中，所以用该方法取回对象时，应强制转化为原来的类型；调用 getAttributeNames( )方法产生一个枚举对象，该枚举对象通过 nextElement( )遍历 session 中的各个对象所对应的关键字；调用 invalidate( )方法取消 session 对象，将对象存放的内容完全抛弃；removeAttribute( )方法移除 session 中指定名称的对象。

```
<%@ page contentType="text/html;charset=GBK" %>
<!DOCTYPE html>
<html xmlns="http://www.w3.org/1999/xhtml">
<head>
<title>登录检测</title>
</head>
<body>
<div align="center">
<%
    String user=request.getParameter("username");
    if(user==null)  user="";
    byte[] u=user.getBytes("ISO-8859-1");
    user=new String(u);
    String password=request.getParameter("password");
    if(password==null)  password="";
    byte[] pass=password.getBytes("ISO-8859-1");
    password=new String(pass);
```

```
    if(! user.equals("tute")){
%>
<script language=javascript>
  window.alert("用户名错误!");
  history.back(-1);
</script>
<%  }
     else if(! password.equals("123456")){
%>
<script language=javascript>
   window.alert("密码错误!");
   history.back(-1);
</script>
<%  }
     else{
     session.setAttribute("admin", user);
     response.sendRedirect("admin_index.jsp");
     }
%>
</body>
</html>
```

上面代码表明在登录成功后利用 session 对象保存用户名，并利用 response 对象实现重定向页面跳转。

```
<%@ page contentType="text/html;charset=GBK" %>
<%@ page import="java.util.Date" %>
<%
  if(session.getAttribute("admin")==null){
%>
  <script language=javascript>
   parent.location.href="login.jsp";
  </script>
<%
  }
  else{
  //登录用户名或状态检测通过,执行相关代码
  }
%>
```

上面代码表明 session 对象的 getAttribute( )方法获取关键字"admin" 对应的对象值，如

果为 null 则跳转至登录页面，要求输入用户名和密码重新登录，效果如图 7-3 所示。

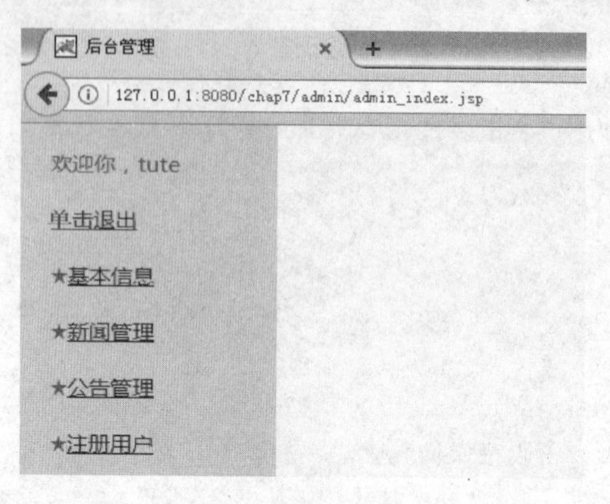

图 7-3　session 对象保存用户登录身份

```
<%@ page contentType="text/html;charset=GBK" %>
<%
    session.removeAttribute("admin");
%>
```

上面代码表明当前用户退出时调用 session 对象的 removeAttribute( ) 方法获移除 session 中"admin" 的对应对象。

session 对象的生存期限三种情形：如果用户关闭浏览器，那么用户的 session 消失；如果用户长时间不关闭浏览器，则用户的 session 也可能消失，Tomcat 服务器允许用户最长的 session 的生命周期为 30min；session 对象调用 invalidate( ) 方法使得 session 无效。

session 对象的 getMaxInactiveInterval( ) 方法获取最大 session 不活动的时间，若超过这时间，则 session 将会失效，时间单位为秒（s）；setMaxInactiveInterval( ) 方法设定最大 session 不活动的时间，若超过这个时间，则 session 将会失效，时间单位为秒（s）。

7.2.5　application 对象

application 对象是 javax.servlet.ServletContext 类的实例，它在 JSP 页面的整个生命周期中都代表着这个 JSP 页面，在 JSP 页面初始化时被创建，随着 jspDestroy( ) 方法的调用而被移除。通过向 application 中添加属性，所有组成 Web 应用的 JSP 文件都能访问到这些属性。

登录某站点的所有用户共用一个 application 对象，当站点服务器开启时，application 对象就被创建，直到网站关闭。application 对象的生命周期是由服务器启动开始至服务器关闭为止。

application 对象调用 getRealPath（String path）方法取得 path 指定文件所在的绝对路径；调用 setAttribute（String key，Object obj）方法将参数 Object 指定的对象 obj 添加到 application 对象中，并为添加的对象指定一个索引关键字；调用 getAttribute（String key）方法获取 application对象中关键字对应的对象，由于任何对象都可以添加到 application 对象中，所以用该方法取回对象时，应强制转化为原来的类型。

application对象不会因为某一个甚至全部用户离开就消失，一旦建立application变量，它就一直存在到网站关闭或者这个application对象被卸载，这经常可能是几周或者几个月的时间。有时需要知道某个页面被访问的次数，需要在页面上添加页面统计器，一般利用application对象及其方法getAttribute( )和setAttribute( )实现。

```
<%@ page contentType="text/html; charset=UTF-8"%>
<!DOCTYPE html>
<html>
<head>
<title>访问量统计</title>
</head>
<body>
<%
    Integer hitsCount = (Integer)application.getAttribute("hitCounter");
    if(hitsCount ==null ||hitsCount ==0 ){
      out.println("欢迎!");
      hitsCount =1;
    }else{
      out.println("欢迎再次访问!");
      hitsCount +=1;
    }
    application.setAttribute("hitCounter", hitsCount);
%>
<p>页面访问量为：<% =hitsCount% ></p>
</body>
</html>
```

上面代码表明调用application对象的setAttribute（"hitCounter", hitsCount）方法将累计的hitsCount值保存在"hitCounter" 关键字中，效果如图7-4所示。

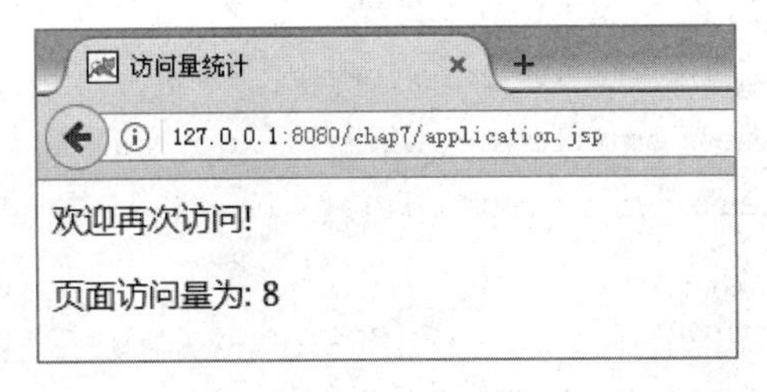

图7-4 计数器实现效果

在Web服务器重启后，计数器会被复位为0，即前面保留的数据都会消失。通常采用数据库存储的方式解决该问题：在数据库中定义一个用于统计网页访问量的数据表count，字段为hitcount，hitcount默认值为0，将统计数据写入到数据表中；每次访问时读取表中hitcount字段；每次访问时令hitcount增1；在页面上显示新的hitcount值作为页面的访问量；

如果需要统计每个页面的访问量，则使用以上逻辑将代码添加到所有页面上。

7.2.6 cookie 对象

cookie 是存储在客户端的文本文件，它们保存了一些文本信息。服务器脚本发送一系列 cookie 至浏览器，比如名字、年龄、ID 等。在浏览器或客户端中存储 cookie 信息，当下一次浏览器发送任何请求至服务器时，它会同时将这些 cookie 信息发送给服务器，然后服务器使用这些信息来识别用户。

调用 Cookie 的构造函数可以创建 cookie 对象。cookie 对象的构造函数有两个字符串参数：cookie 名字和 cookie 值。若要将产生的 cookie 对象传送到客户端，可使用 response 对象的 addCookie()方法。使用 request 对象的 getCookies()方法获取客户端保存的 cookie 对象，获取的内容以数组的形式排列。取出符合需要的 cookie 对象，需循环比较数组内每个对象的关键字。

调用 cookie 对象的 setMaxAge（int）方法可以设置 cookie 对象的有效时间，以秒（s）计算。

```
<%@ page contentType="text/html;charset=UTF-8"%>
<!DOCTYPE html>
<html>
<head>
<meta charset="UTF-8" />
<title>管理员登录</title>
<link href=login.css rel=stylesheet type="text/css">
</head>
<body>
<%
String username="";
String password="";
Cookie cookies[]=request.getCookies();
if(cookies!=null){
  for(int i=0;i<cookies.length;i++){
        if("username".equals(cookies[i].getName())){
              username=cookies[i].getValue();
        }
        else if("password".equals(cookies[i].getName())){
              password=cookies[i].getValue();
          }
    }
}
%>
<div id="login">
```

```
<form name = "login" action = "check.jsp" method = "post">
<p class = p1>管理员登录</p>
<p>用户: <input type = "text" name = "username" value = "<% =username% >">
</p>
<p>密码: <input type = "password" name = "password" value = "<% =password% >"
></p>
<p><input type = checkbox name = cookiecheck>保存10天</p>
<p><input type = submit value = "登录"></p>
</form>
</div>
</body>
</html>
```

上面代码通过 cookie 对象调用 getName( )方法返回 cookie 的名称，getValue( )方法获取 cookie 的值。输入用户名和密码，并选择复选框"保存 10 天"，下次调用该网页得到的效果如图 7-5 所示。

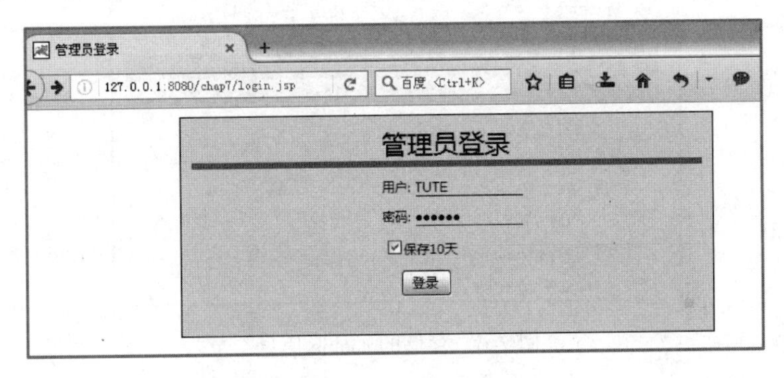

图 7-5　cookie 记录登录信息

```
<%@ page contentType = "text/html;charset = UTF-8"% >
<%
request.setCharacterEncoding("UTF-8");
String username = request.getParameter("username");
Cookie user = new Cookie("username",username);
String cookiecheck = request.getParameter("cookiecheck");
if(cookiecheck! = null){
      user.setMaxAge(10 * 24 * 3600);
}
response.addCookie(user);
String password = request.getParameter("password");
Cookie pass = new Cookie("password",password);
if(cookiecheck! = null){
```

```
    pass.setMaxAge(10*24*3600);
}
response.addCookie(pass);
%>
<a href=viewCookie.jsp>查看 cookie 储存情况</a>
```

上面代码表明调用 response. addCookie( )函数向 HTTP 响应表头中添加 user 和 pass 这两个 cookie，并调用 setMaxAge( )函数设置 user 和 pass 在 10 内有效。可以查看服务器写在浏览器上的 cookie，单击 Firefox 浏览器的工具选项，选择“隐私”，在历史选项框中选择“使用自定义历史记录设置”，进入后选择“显示 Cookie”，对话框里是 Firefox 记录的所有 cookie，效果如图 7-6 所示。

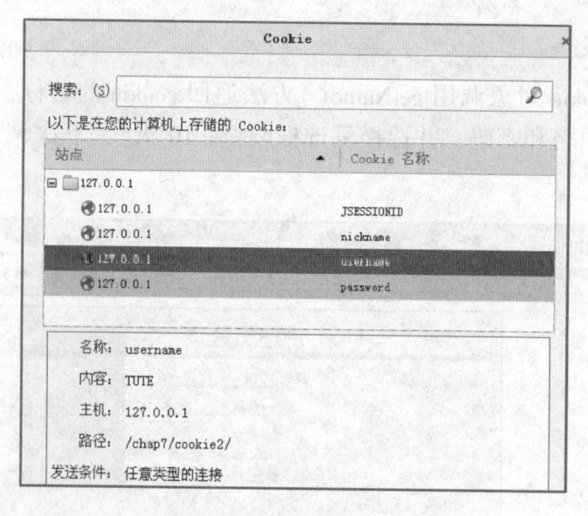

图 7-6　存储的 cookie 信息

```
<%@ page contentType="text/html;charset=UTF-8"%>
读出 cookie:<br>
<%
    Cookie cookies[]=request.getCookies();
    for(int i=0;i<cookies.length;i++){
        if(cookies[i].getName().equals("username")){
                out.print(cookies[i].getValue()+"<br>");
        }
        else if(cookies[i].getName().equals("password")){
            out.print(cookies[i].getValue()+"<br>");
        }
    }
%>
```

上面代码表明调用 request. getCookies( )方法获得一个 javax. servlet. http. Cookie 对象的数

组，然后遍历这个数组，使用 getName( )方法和 getValue( )方法来获取每一个 cookie 的名称和值，效果如图 7-7 所示。

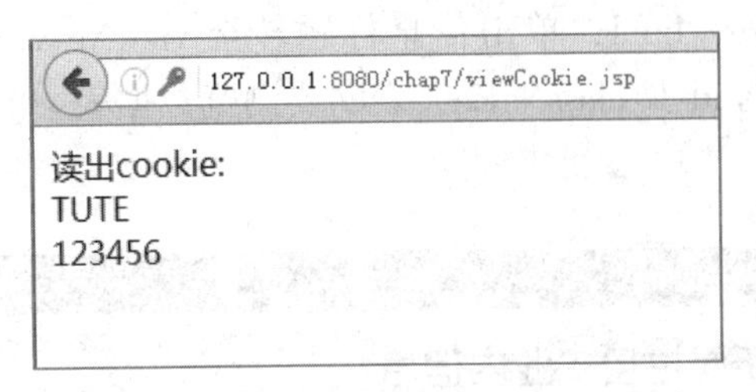

图 7-7　读取 cookie 信息

7.3　JSP 语法与内置对象案例

案例的目的是让学生熟练掌握 request、response 和 session 等内置对象的使用。

7.3.1　案例——网页计数器

利用成员变量被所有浏览者共享这一特点，实现访问量计数，计数数值需要用图片显示，效果如图 7-8 所示。

图 7-8　访问量统计

7.3.2　案例——会员注册

设计会员注册页面 register. html，提交注册信息至 regok. jsp，如果 regok. jsp 获取的用户名为“ecommerce”，则提示“用户名 ecommerce 已经被占用，请返回重新注册”，否则显示获取的注册信息，效果如图 7-9 所示。

图 7-9　获取注册表单信息

7.3.3 案例——超链接传递参数

设计信息列表网页 news.html，单击信息标题转至 viewNews.jsp，编写 viewNews.jsp 代码，获取并输出传递过来的 id 及 className，表明要浏览数据表中的哪条信息，效果如图 7-10 所示。

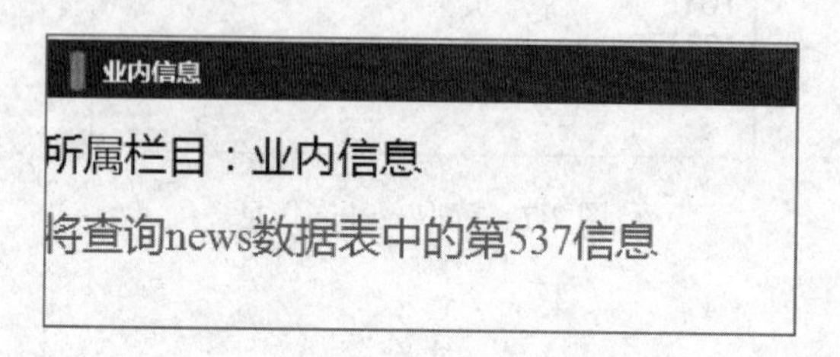

图 7-10 获取超链接传递信息

7.3.4 案例——后台登录

编写网页实现后台管理登录功能。设计后台登录页 login.jsp，填写用户名"admin" 与密码"123456"；提交信息于 chkLogin.jsp 进行检测；如果输入有误跳转至 error.jsp 页，提示用户名或密码错误；如果输入正确进入后台主页 admin_index.jsp，它包含 admin_menu.jsp 和 admin_main.jsp 两个网页；在 admin_menu.jsp 上显示当前登录用户名，若单击“退出”按钮则退回到登录页 login.jsp。后台登录用户名错误，页面提示效果如图 7-11 所示。

图 7-11 后台登录用户名错误提示

7.4 JSP 语法与内置对象案例分析

JSP 内置对象 request 封装了用户请求信息时所提交的信息，常用于获取表单和超链接传递的信息，而 session 对象常用于存储与用户有关的数据。

7.4.1　数值以图片格式显示

可以定义共享变量，也可以使用application对象保存计数变量统计计数值，获取的数值需要转换成字符串，然后调用字符串的charAt()方法取出每个字符，配合img标记匹配相应的图片。部分代码如下：

```
<%!
int i=0;
%>
<%
i++;
String count=String.valueOf(i);
String allcount="";
for(int j=0;j<count.length();j++)
{
    allcount=allcount+"<img src='img2/"+count.charAt(j)+".gif'>";
}
%>
访问<%=allcount%>次
```

7.4.2　网页编码问题

Tomcat默认编码格式是ISO-8859-1。ISO-8859-1属于单字节编码，最多能表示的字符范围是0~255，表示的字符范围很窄，应用于英文系列，无法表示中文字符。UTF-8用1~6个字节编码Unicode字符，用在网页上可以统一页面显示中文简体、繁体及其他语言（如英文、日文、韩文）。GBK共收入21886个汉字和图形符号。如果想要支持中文，则可以使用UTF-8、GB2312、GBK等，其中UTF-8是国际化的，哪个国家的都支持，所以推荐使用这个。

当使用UTF-8字符集表示中文时，page指示该页面中代码的字符编码是UTF-8，meta指示浏览器使用UTF-8格式进行字符显示，保存文件时确保编码为UTF-8，如图7-12所示。

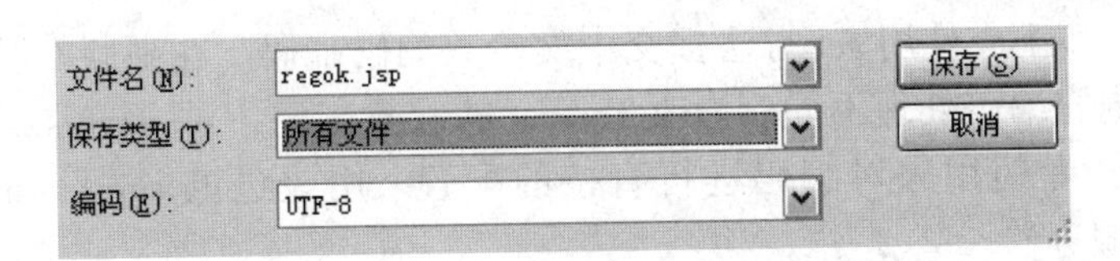

图7-12　JSP文件编码格式

7.4.3　获取表单信息

表单的method方法指明表单信息传送方式，值为post或get。位于服务器端的网页receive.jsp，为了避免出现提交汉字出现乱码问题，在获取信息之前首先使用request对象调用.setCharacterEncoding（"UTF-8"）方法设置文本编码为UTF-8，然后使用request对象的getParameter方法获取username、password等表单元素填写的信息，获取的信息存储在字符串变量中，最后可以利用字符串方法实现数据比对。示例代码如下：

```
<%
request.setCharacterEncoding("UTF-8");
String username=request.getParameter("username");
if(username==null)username="";
String sex=request.getParameter("sex");
String password=request.getParameter("password");
String myemail=request.getParameter("myemail");
%>
<%
if("ecommerce".equals(username)){
%>
    <div id=pictip2>
      <img src="img2/err.gif">
    </div>
    <ul id=regok2>
      <li> <span class=pos2>用户名<%=username%>已经被占用</span>
</li>
      <li><span class=pos2>请返回</a>重新注册</span></li>
    </ul>
  <%
  }
  else{//.........}
  %>
```

7.4.4 汉字乱码处理

Tomcat 8.0环境下，使用get方法提交中文参数编码乱码。在高版本Tomcat中，get与post方法对参数内容编码处理不同。修改Tomcat的配置文件，对server.xml中Connector元素增加配置参数，专门用来对编码进行直接的配置。用改进的server.xml覆盖conf下的server.xml，重启服务器。

```
<Connector port="8080" protocol="HTTP/1.1"
   connectionTimeout="20000"
   redirectPort="8443"
   URIEncoding="UTF-8"
   useBodyEncodingForURI="true"/>
```

在上面代码中，URIEncoding 用来设定通过 URI 传递的内容使用的编码，Tomcat 将使用这里指定的编码对客户端传送的内容进行编码。通过 get 方法提交的参数实际上都是通过 URI 提交的，都由这个参数管理，如果没有设定这个参数，则 Tomcat 将使用默认的 ISO-8859-1 对客户端的内容进行编码。useBodyEncodingForURI 使用与 Body 一样的编码来处理 URI。在 Tomcat 高版本中，get 与 post 的处理是分开进行的，对 get 的处理通过前面的 URI-Encoding 进行处理，对 post 通过 request. setCharacterEncoding 处理，将 useBodyEncodingForU-RI 设定为真。

7.4.5　application 对象和 session 对象的区别

服务器为每一个客户建立一个 session 对象来保存每一个客户的信息，对于不同的客户来说，他们的 session 对象是不同的；application 对象为多个应用程序保存共用信息，对于一个容器而言，所有客户的 application 对象都是相同的一个。

session 对象与 application 对象的生命周期不同，session 对象的生命周期是从一个客户打开浏览器建立与服务器的连接开始，到这个客户关闭浏览器离开这个服务器结束这段时间；application 对象的生命周期是从服务器启动到关闭服务器的时间，即服务器启动后，就会自动创建 application 对象，这个对象一直会保持到服务器关闭为止。

第8章

JSP文件操作

Web 应用程序中经常会用到文件的读取、上传等操作，服务器需要将客户提交的信息保存到文件或者根据客户的要求将服务器上的文件的内容显示到客户端，JSP 通过 Java 的输入输出流来实现文件的读写操作。

8.1 文件读写

File 类用于表示文件本身，字节流类和字符流类用于读写文件内容。

8.1.1 File 类

根据 java. io 包的 File 类创建的对象用于获取文件本身的一些信息，例如文件所在的目录、文件的长度、文件读写权限，不涉及对文件内容的读写操作。创建一个 File 对象的构造函数有三个。

```
File(String filename);
File(String directoryPath,String filename);
File(File f, String filename);
```

上面代码中 filename 表示文件名字，directoryPath 是文件的路径，f 是代表一个目录的对象。

网站后台管理系统通常需要读取服务器的驱动器信息。File 类的 listRoots( )方法是静态函数，用于获取磁盘驱动器的分配情况，它返回一个 File[ ]数组，其中包含所有驱动器。如果 File 对象是一个驱动器，那么该对象可以调用 listFiles( )方法列出该驱动器下的所有内容，包括目录和文件。File 类的成员函数 exits( ) 测试文件是否存在；getName( ) 获取文件名；getAbsolutePath( )获取文件所在位置的绝对路径；canWrite( )获取文件是否可写。

```
<%@ page contentType = "text/html; charset = UTF-8"% >
<%@ page import = "java. io. * " % >
<! DOCTYPE html >
<html >
<head >
<meta charset = "UTF-8" / >
<title >代码写法一</title >
```

```
<link rel="stylesheet" type="text/css" href="style.css"/>
</head>
<body>
<%
boolean ok=false;
String filePath=application.getRealPath("/chap7/7.jpg");
File f=new File(filePath);
if(f.exists())
  ok=true;
else
  ok=false;
if(ok){
    out.print("<ul>");
    String fileName=f.getName();
    out.print("<li>所测文件名:"+fileName+"</li>");
    String absPath=f.getAbsolutePath();
    out.print("<li>所测文件存放位置:"+absPath+"</li>");
    String  permission=f.canWrite()?"可写":"只读";
    out.print("<li>所测文件:"+permission+"</li>");
    String  hidden=f.isHidden()?"隐藏":"未隐藏";
    out.print("<li>所测文件:"+hidden+"</li>");
    String  size=f.length()/1024+"K";
    out.print("<li>所测文件:"+size+"</li>");
    out.print("</ul>");
}
else
{
  out.print("所测文件不存在");
}
%>
</body>
</html>
```

以上代码是 HTML 标签和 Java 服务器脚本混合书写的一种方式，即将 HTML 标签嵌入在 Java 服务器脚本中。

```
<%@ page contentType="text/html; charset=UTF-8"%>
<%@ page import="java.io.*" %>
<!DOCTYPE html>
<html>
```

```
<head>
<meta charset="UTF-8" />
<title>代码写法二</title>
<link rel="stylesheet" type="text/css" href="style.css"/>
</head>
<body>
<%
boolean ok=false;
//获取某个文件 M 的绝对路径
String filePath=application.getRealPath("/chap8/7.jpg");
//File 对象 f 代表 M
File f=new File(filePath);
if(f.exists())
  ok=true;
else
  ok=false;
if(ok){
  String fileName=f.getName();
  String absPath=f.getAbsolutePath();
    String permission=f.canWrite()?"可写":"只读";
    String hidden=f.isHidden()?"隐藏":"未隐藏";
    String size=f.length()/1024+"K";
%>
  <ul>
    <li>所测文件名:<%=fileName%></li>
    <li>所测文件存放位置:<%=absPath%></li>
    <li>所测文件:<%=permission%></li>
    <li>所测文件:<%=hidden%></li>
    <li>所测文件:<%=size%></li>
  </ul>
<%
}
else{
  out.print("所测文件不存在");
}
%>
</body>
</html>
```

以上代码是 HTML 标签和 Java 服务器脚本混合书写的另一种方式，即将 Java 输出结果嵌入在HTML标签中，效果如图8-1所示。

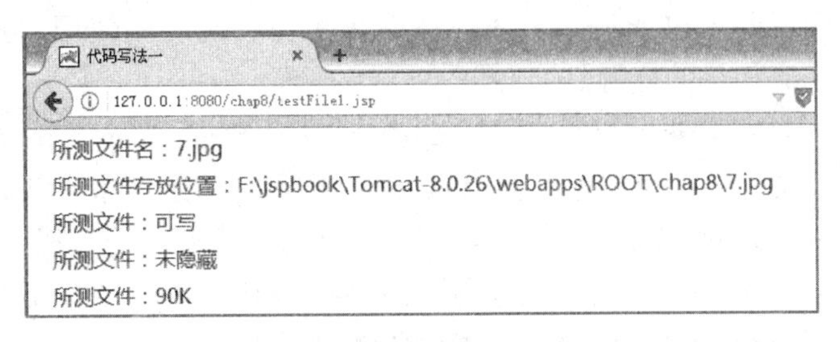

图8-1　File类测试文件

8.1.2　字节流读写文件

所有文件的储存都是字节的储存，在磁盘上保留的并不是文件的字符而是先把字符编码成字节，再将这些字节储存到磁盘。在读取文件（特别是文本文件）时，也是一个字节一个字节地读取以形成字节序列。流是一个很形象的概念，当程序需要读取数据的时候，就会开启一个通向数据源的流，这个数据源可以是文件、内存或者网络连接。类似地，当程序需要写入数据的时候，就会开启一个通向目的地的流，就好像数据在这其中“流”动一样。流按其流向分为“输入流”和“输出流”，按数据传输单位分为“字节流”和“字符流”。

字节流类用于向字节流读取8位二进制的字节。一般地，字节流主要用于读写诸如图像或声音等二进制数据。字节流类以InputStream和OutputStream为顶层类，它们都是抽象类。FileInputStream是字节输入流类，使用FileInputStream类可以读取文件内容。一个文件输入流对象要与一个文件关联起来，使用如下代码：

```
try{
  FileInputStream fis=new FileInputStream("chat.txt");
  //读取输入流
}
catch(IOException e){
    System.out.println("File read error: "+e);
    //文件I/O错误
}
```

上面代码表明由于I/O操作对于错误特别敏感，所以许多输入输出流类构造函数和读写函数都抛出I/O异常，程序必须捕获处理这些异常。

FileInputStream类的read()方法从输入流中读取单个字节数据，返回读取的该数据对应的十进制表示的字节值（0~255之间的一个整数），如果到达输入流的末尾，则返回-1；read（byte[] b）方法从输入流中读取多个字节，放入字节数组b中，读取的字节数为数组b的长度b.length，如果到达输入流的末尾，则返回-1；read（byte[] b, int off, int len）方法从输入流中读取参数len个字节，放入字节数组b中，数据的存放位置从数组b的off位置开始，依次存放，如果输入流的数据小于len字节，以实际读取的字节数为准，如果到达输入流的末尾，则返回-1。

FileInputStream 流顺序地读取文件，只要不关闭流，每次调用 read 函数就顺序地读取源中其余的内容，直到流的末尾或流被关闭，在操作完一个流后要使用 close 函数将其关闭，系统就会释放与这个流相关的资源。

FileOutputStream 是字节输出流类。FileOutputStream（String name，boolean append）创建或指定的存放位置及文件名由字符串类型参数 name 指定，布尔类型参数 append 的值为 true 时，表示将数据写在文件的末尾，值为 false 时，将从文件头开始写数据。

FileOutputStream 类的 write(byte[] b）方法将字节数组 b 写入输出流，写入输出流的字节长度为 b. length，如果数组 b 为空数组，则发生 NullPointerException 异常；write(byte[] b, int off, int len)方法将参数字节数组 b 从参数 off 指定的位置开始写入 len 个字节到输出流，如果 off + len 的值大于 b. length，则抛出 IndexOutOfBoundsException 异常。

FileOutputStream 流顺序地写文件，只要不关闭流，每次调用 write 函数就顺序地向文件写入内容，直到流被关闭。

```
<%@ page contentType="text/html; charset=UTF-8"%>
<%@ page import="java.io.*" %>
<%
 String s=application.getRealPath("/chap8/out.txt");
 File f=new File(s);
 try{
   FileOutputStream out1=new FileOutputStream(f);
   byte[] buf="web application development".getBytes();
   out1.write(buf);
   out1.close();
 }
 catch(IOException e){
     out.print(e.getMessage());
 }
 try{
     FileInputStream in=new FileInputStream(f);
     byte[] buf=new byte[1024];
       int len=in.read(buf);
       out.print(new String(buf,0,len));
       in.close();
     }
     catch(IOException e){
       out.println(e.getMessage());
     }
%>
```

上面代码 FileOutputStream 类调用 write( )方法将转换为字节数组的文本写入文件 out. txt，FileInputStream 类调用 read( )方法将文本内容读取到字节数组并转换为字符串输出，效果如

图8-2所示。

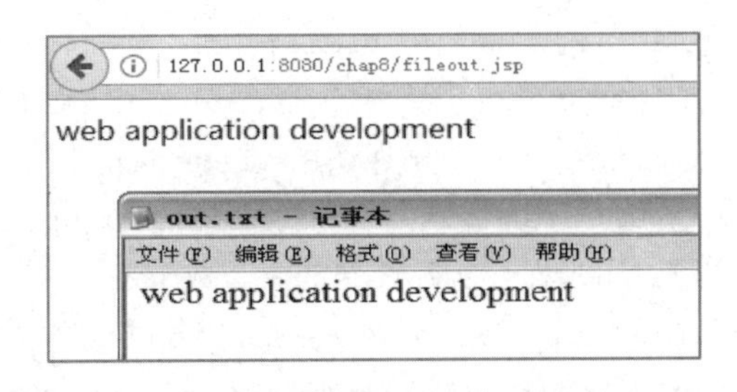

图8-2 FileInputStream类读写文本

8.1.3 过滤流的使用

过滤流也称为缓冲输入输出流，使用过滤流可以提高读写效率，它是为底层透明地提供扩展功能的输入输出流的包装。常用过滤字节流类BufferedInputStream和BufferedOutputStream，FileInputStream和BufferedInputStream配合使用，FileOutputStream和BufferedOutputStream配合使用，借助于字节数组缓冲，在读取或存储数据时可以将一个较大数据块读入内存中，将内存中较大数据块一次性写入指定的文件中，从而提高读写效率。

当要读取一个文件时，可以先建立一个指向该文件的文件输入流，然后创建一个指向文件输入流的输入过滤流，输入过滤流对象调用read()方法读取文件的内容；向一个文件写入字节时，可以先建立一个指向该文件的文件输出流，再创建一个指向输出流的输出过滤流，输出过滤流对象调用write()方法向文件写入内容，写入完毕后，调用flush()方法将缓冲中的数据存入文件，具体流程如图8-3所示。

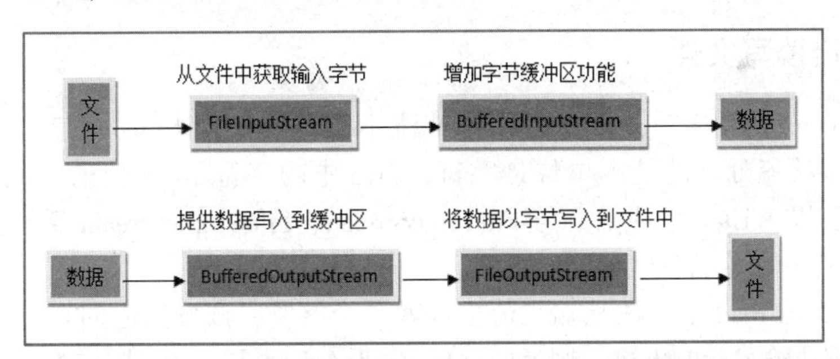

图8-3 过滤流类的使用

```
<%@ page contentType="text/html; charset=UTF-8"%>
<%@ page import="java.io.*" %>
<%
    String f1=application.getRealPath("/chap8/src.txt");
    File src=new File(f1);
    String f2=application.getRealPath("/chap8/dest.txt");
    File dst=new File(f2);
    try
```

```
    {
        FileInputStream fis = new FileInputStream(src);
        FileOutputStream fos = new FileOutputStream(dst);
        BufferedInputStream bis = new BufferedInputStream(fis);
        BufferedOutputStream bos = new BufferedOutputStream(fos);
        int data = 0;// 用来保存实际读到的字节数
        long time1 = System.currentTimeMillis();
        while((data = bis.read())! =-1){
            bos.write(data);
        }
        bis.close();
        bos.close();
        long time2 = System.currentTimeMillis();
        System.out.println("复制完成,共花费:" + (time2 - time1) + "毫秒");
    }
    catch(IOException e)
    {
            out.println(e.getMessage());
    }
%>
```

上面代码使用了过滤流类，自带一个 8KB 左右的缓冲区，比文件直接读写耗时少。

8.1.4 字符流读写文件

FileInputStream 使用字节读取文件，字节流不能直接操作 Unicode 字符，所以 Java 提供了字符流。字符流处理的基本单位是字符，Java 中的字符是 16 位的，输入流以 Reader 为基础，输出流以 Writer 为基础。与 FileInputStream、FileOutputStream 字节流相对应的是 FileReader、FileWriter 字符流。

FileReader 类的 read( )方法从输入流中读取一个字符，该方法返回 0 ~ 65535 之间的一个整数，如果到达输入流的末尾，则返回 -1；read（char[ ] c）方法从输入流中读取多个字符，放入字符数组 c 中，读取的字符数为数组 c 的长度 c.length，如果到达输入流的末尾，则返回 -1；read(char[ ] c, int off, int len)方法从输入流中读取 len 个字符并存放到字符数组 c 中，返回实际读取的字符数目，如果到达文件的末尾，则返回 -1，数据的存放位置从数组 c 的 off 位置开始依次存放。

FileWriter 是字符输出流类，它是 OutputStreamWriter 的子类。FileWriter(File file,boolean append)表示根据 File 对象创建 FileWriter 对象，append 参数用来指定是否在原文件之后追加内容。FileWriter 类的 write（int c）方法向文件中写入正整数 c 代表的单个字符；write（char[ ] cbuf）方法向文件中写入字符数组 cbuf;write(char[ ] cbuf,int off, in len)方法向文件中写入字符数组 cbuf 从偏移位置 off 开始的 len 个字符；write(String str)方法向文件中写入字符串 str，在写入完毕之后不会自动换行；write(String str,int off,int len)方法向文件中写入字符串

str从位置off开始、长度为len的一部分子串。

```
<%@ page import = "java.io.FileReader"% >
<%@ page import = "java.io.File"% >
<%
  File file = new File(application.getRealPath("/chap8/agreement.txt"));
  FileReader reader = new FileReader(file);
  char[] cbuf = new char[(int)file.length()];
  reader.read(cbuf);
% >
```

上面代码根据文本长度创建字符数组，FileReader类读取的文本内容存放入字符数组中。

BufferedReader是缓冲字符输入流，继承于Reader，作用是为其他字符输入流添加一些缓冲功能。创建BufferedReader时会通过其构造函数指定某个Reader为参数，BufferedReader会将该Reader中的数据分批读取，每次读取一部分到缓冲中，操作完缓冲中的这部分数据之后，再从Reader中读取下一部分的数据，缓冲中的数据保存在内存中，原始数据保存在硬盘中。从内存中读取数据的速度比从硬盘读取数据的速度要快很多，由于内存容量有限，所以不能一次性将全部数据都读取到缓冲中。

BufferedReader类的readLine()方法读取文本行，遇到字符'\r'、'\n'或'\r\n'则认为当前行结束，返回值为该行内容的字符串，不包含任何行终止符，如果已到达流末尾，则返回null。

BufferedWriter是缓冲字符输出流，它将文本写入字符输出流，缓冲各个字符，从而提供单个字符、数组和字符串的高效写入，可以指定或者接受默认缓冲区的大小。

BufferedWriter类的write（String s，int off，int len）方法将字符串中的一段内容写入指定文件；newLine()方法给文件写入各行之间的分隔符。

```
<%@ page contentType = "text/html; charset = UTF-8"% >
<%@ page import = "java.io.*" % >
<%
    String f1 = application.getRealPath("/chap8/source.txt");
    File src = new File(f1);
    String f2 = application.getRealPath("/chap8/destination.txt");
    File dst = new File(f2);
    BufferedReader bufr = null;
    BufferedWriter bufw = null;
    try{
      bufr = new BufferedReader(new FileReader(src));
      bufw = new BufferedWriter(new FileWriter(dst));
      String line;
      while((line = bufr.readLine())! = null){
        out.print(line + "<br>");
```

```
        bufw.write(line);
        bufw.newLine();
        bufw.flush();
      }
    }
    catch(IOException e){
        throw new RuntimeException("读写失败");
    }
    finally{
        try{
            if(bufr ! =null)bufr.close();
        }
        catch(IOException e){
            out.println(e.getMessage());
        }
        try{
            if(bufw ! =null)bufw.close();
        }
        catch(IOException e){
            out.println(e.getMessage());
        }
    }
%>
```

上面代码循环调用 BufferedReader 类对象的 readLine( )方法读取文本的每一行，BufferedWriter 类对象调用 write( )方法将每一行字符串写入文件，并调用 newLine( )方法为缓冲区提供跨平台的换行符，效果如图 8-4 所示。

图 8-4　缓冲字符输入输出流读写效果

8.2　文件上传

JSP 可以与 HTML 标签、JavaScript 一起使用，将文本文件、图像文件或者其他任何文档上传至服务器，上传文件时一般会用到 RandomAccessFile 类。

8.2.1 RandomAccessFile 类

RandomAccessFile 类属于 java.io 包，通常称为随机访问文件类或随机文件读写类，它不是 InputStream 或者 OutputStream 的子类，不同于 FileInputStream 和 FileOutputStream。FileInputStream 只能对文件进行读操作，FileOutputStream 只能对文件进行写操作，而 RandomAccessFile 同时支持文件的读和写，并且支持随机访问。对一个文件进行读写操作时，创建一个指向该文件的 RandomAccessFile 流，既可以从这个流中读取文件数据，也可以通过这个流写入数据到文件，可以跳转到文件的任意位置处读写数据。

RandomAccessFile 读写文件时，将文件看作字节数组，并用文件指针指示当前的位置，当读写 n 个字节后，文件指针将指向这 n 个字节后的下一个字节处。打开文件时，文件指针指向文件的开头，指针可以移动文件指针到新的位置，随后的读写操作将从新的位置开始，由于 Java 中的各种基本数据类型具有固定的大小，所以可以计算出指针的当前位置。

RandomAccessFile 类在创建对象时，除了指定文件本身，还需要指定一个 mode 参数。mode 参数指定 RandomAccessFile 的访问模式，值为"r" 表示以只读方式打开指定文件，如果试图对该 RandomAccessFile 指定的文件执行写入方法，则会抛出 IOException;"rw" 表示以读取、写入方式打开指定文件，如果该文件不存在，则尝试创建文件;"rws" 表示以读取、写入方式打开指定文件，相对于"rw"，还要求对文件的内容或元数据的每个更新都同步写入到底层存储设备。

RandomAccessFile 类的 readByte()方法从文件的当前位置读取一个字节数值，并返回该数值；readChar()方法读取一个 16 位的 Unicode 字符，并返回该字符；readDouble()方法读取 64 位数据，转换为 double 型数据，并返回该数据；readInt()读取 32 位数据，转换为整型数据，并返回该数据；readLine()方法从文件中读取一个文本行，并以字符串格式返回读取的内容；getFilePointer()方法返回当前文件指针的位置；seek（long pos）将文件指针定位到参数 pos 指定的位置，用来移动 RandomAccessFile 流指向的文件的指针，参数 pos 确定文件指针距离文件开头的字节位置，如果把文件看作字节数组，则参数 pos 的值就是指定的文件位置所对应的该数组的下标值；length()方法返回当前文件的长度，即文件字节数；setLength（long newLength）方法设置文件的长度为参数 newLength 指定的长度，如果文件的长度大于 newLength 则将多出的内容截去，如果文件的长度小于 newLength 则文件的长度增加为 newLength；skipBytes（int n）跳过读入的 n 个字节，并将这些字节抛弃，当 n <0 的时候，不做任何操作。

RandomAccessFile 类不但能够直接写入字节数据，还能直接写入各种类型的数据，向文件中写数据时，在默认方式下，并不是把数据追加到文件尾，而是覆盖原有文件内容。RandomAccessFile类的 write（byte [ ] b）方法将参数指定的字节数组写入文件，写入的字节数为 b.length；writeInt（int i）方法在文件的当前位置写入一个整型值；writeDouble（double v）方法将一个双精度浮点数写入文件中。

```
<%@ page contentType = "text/html; charset = UTF-8"% >
<%@ page import = "java.io. * " % >
<%
```

```
    File f=new File(application.getRealPath("/chap8/random.txt"));
    int i=0;
    try{
        RandomAccessFile raf=new RandomAccessFile(f, "r");
        while((i=raf.read())!=-1){
          out.print((char)i);
        }
        raf.close();
      }
      catch(Exception e){out.print(e);}
%>
```

上面代码使用了 RandomAccessFile 类读取文本内容。

8.2.2 上传文件

文件上传是将文件通过 IO 流传到服务器的某一个特定的文件夹下，是 Web 应用中常见的操作。例如，用户注册时可能需要提交照片，那么这张照片就需要上传至服务器保存。

用户通过网页上传文件到服务器时，设计的网页表单应该包含 File 控件，表单的 enctype 属性应设为"multipart/form-data"。

```
<!DOCTYPE html>
<html lang="en">
<head>
<meta charset="UTF-8">
<title>选择附件</title>
</head>
<body>
选择要上传的文件:<br>
<form action="receive.jsp" method=post  enctype="multipart/form-data">
  <input type=file name=pic size=20>
  <br>
  <input type=submit name=g value=提交>
</form>
</body>
</html>
```

上面代码表示将选择的文件提交至 receive.jsp 进行处理。下面描述具体处理过程。

JSP 内置对象 request 调用 getInputStream( )方法获得一个输入流，通过这个输入流读入用户上传的全部信息，包括文件的内容以及表单域的信息，然后利用 FileOutputStream 创建临时文件并将这些信息写入，临时文件可以以用户会话 session 的 ID 命名。根据 HTTP 协议查看生成的临时文件内容，文件内容的前4行和后面的5行是表单本身的信息，中间部分才是用户提交的正式文件的内容，所以需要选择读取临时文件，获取中间部分内容。

读取文件的第二行，这一行中含有用户上传的文件的名字，一般为了防止重命名上传的文件，被上传的同名文件被覆盖，需要获取后缀名并使用时间戳作为文件的新名字。

```
RandomAccessFile raf = new RandomAccessFile(f1,"r");
int second = 1;
String secondLine = null;
while(second < = 2){
  secondLine = raf.readLine();
  second ++;
}
int position = secondLine.lastIndexOf('.');
String fileName = "";
fileName = secondLine.substring(position +1,secondLine.length()-1);
fileName = String.valueOf(System.currentTimeMillis()) + "." + fileName;
```

上面代码中 fileName 表示上传文件的名字，以当前时间与1970年1月1日0点之间的时间差命名。

使用 RandomAccessFile 类对象能够对文件任意位置读写的方法，获得第4行结束的位置，以及倒数第6行的结束位置，获取两个位置之间的内容，将这部分内容存入生成文件。

```
raf.seek(0); //定位到文件 f1 的开头
long forthEndPosition = 0;
int forth = 1;
while((n = raf.readByte())! = -1&&(forth < = 4)){
  if(n == '\n'){
    forthEndPosition = raf.getFilePointer();
    forth ++;
  }
}
raf.seek(raf.length());
long endPosition = raf.getFilePointer();
long mark = endPosition;
int j = 1;
while((mark > = 0)&&(j < = 6)){
    mark--;
    raf.seek(mark);
    n = raf.readByte();
    if(n == '\n'){
```

```
        endPosition = raf.getFilePointer();//记下位置
        j ++;
    }
  }
  fl.delete();
```

上面代码使用了 RandomAccessFile 类的 seek()、getFilePointer()、readByte()等方法。生成新文件后，需要删除临时文件。

由于浏览器在上传的过程中是将文件以流的形式提交到服务器端的，如果每次都要编写 Java 代码获取上传文件的输入流然后解析里面的请求参数是比较麻烦的，所以多选择采用 apache 的开源文件上传组件 common-fileupload 实现上传任务。

8.3 JSP 文件操作案例

案例的目的是使学生掌握 File 类、输入输出流类和 RandomAccessFile 类的使用。

8.3.1 案例——获取服务器信息

编写 JSP 网页，获取服务器的驱动器列表并显示在下拉列表框中，选择驱动器获取其文件及目录信息，并以表格的形式显示在页面中，实现效果如图 8-5 所示。

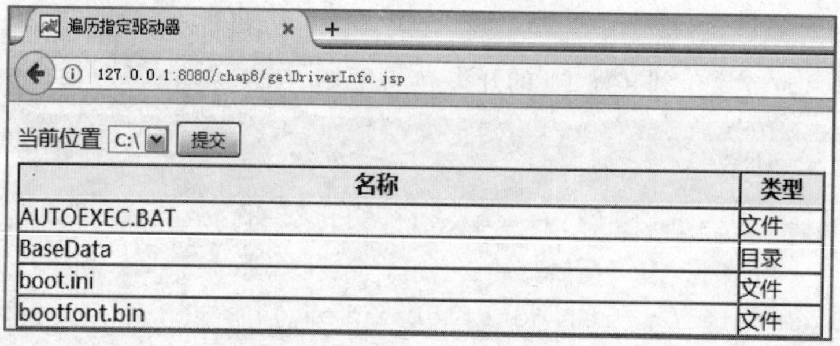

遍历指定驱动器

127.0.0.1:8080/chap8/getDriverInfo.jsp

当前位置 C:\ 提交

名称	类型
AUTOEXEC.BAT	文件
BaseData	目录
boot.ini	文件
bootfont.bin	文件

图 8-5 列出驱动器目录和文件

8.3.2 案例——比较文件读写效率

设计 JSP 程序以两种方式复制指定文件到指定目录，第一种方式一个字节一个字节地读写；第二种方式创建缓冲区完成读写，记录这两种方式所耗时长。

8.3.3 案例——复制图片

设计 JSP 程序利用字节输入输出流和缓冲输入输出流实现图片的读写复制。

8.3.4 案例——倒置读出文本内容

设计 JSP 程序利用合适的文件访问类倒置读出文本内容，效果如图 8-6 所示。

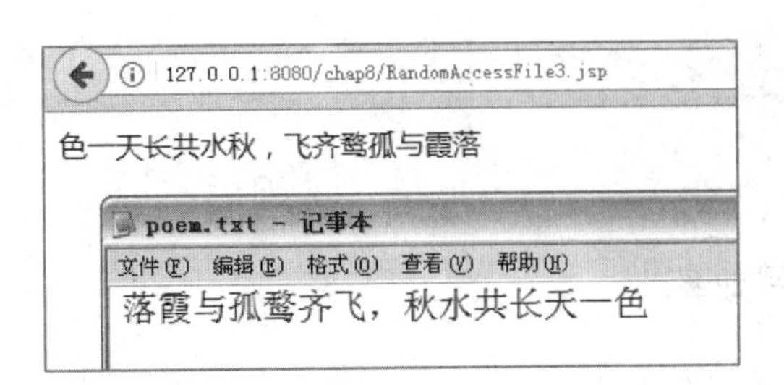

图 8-6　倒置读出文本内容

8.3.5　案例——检测上传的图片

编写程序实现图片上传检测功能。设计 admin_addPic.jsp 网页，该网页内嵌 upPic.jsp 页，通过 upPic.jsp 选择将要上传的文件，单击“上传”，将会调用 upPicOk.jsp 页；upPicOk.jsp获取上传的文件，将文件本身传至文件夹"fujian" 下，并将文件名交给 admin_addPic.jsp 页表单 form 中的 Pic 文本框；admin_addPic.jsp 获取图片名后，输入标题、介绍等内容，单击“确定新增”，提交至 admin_addPicOk.jsp 页；admin_addPicOk.jsp 将获取的信息写入数据表 Pic（含图片名等字段）；调用图片浏览页 index.jsp，查询数据表 Pic，可以获取图片名，根据图片名查找到"fujian" 对应图片，通过 img 标记显示该图片。

8.4　JSP 文件操作案例分析

使用字节输入输出流类可以实现文件的复制，利用 RandomAccessFile 类任意位置读写的特点可以实现文件的上传。

8.4.1　判别目录与文件

在网站后台维护中，有很多文件夹需要管理，管理员经常要添加新的文件夹来归类档案和网站资源，还要不断地删除临时文件夹或废旧无用的文件。File 类的方法 mkdir()创建目录，如果创建成功返回 true，否则返回 false；delete()方法可以删除当前对象代表的文件或目录，如果 File 对象表示的是一个目录，则该目录必须是一个空目录，删除成功后返回 true；length()获取文件的长度，单位是字节；isFile()方法是 boolean 类型，判断文件是否是一个正常文件，而不是目录；isDirectroy()判断文件是否是一个目录。判别 File 对象是文件夹还是文件的部分代码如下：

```
File[] f=new File(driverStr).listFiles();
for(int j=0;j<f.length;j++){
  //f[j]代表 File 对象
  if(f[j].isDirectory()){
    out.print(f[j].getName()+"是目录文件夹");
  }
  else if(f[j].isFile()){
```

```
        out.print(f[j].getName() + "是文件");
    }
}
```

8.4.2 提高文件读写效率

如果觉得逐个字节读写文件效率太低，可以先将其全部读到一个缓冲区，然后将内容一次性写入，好比饮水时一滴一滴地喝不如统一接到杯子里再喝。创建一个 1MB 大小的缓冲区，用来存放输入流中的字节，部分代码如下：

```
try{
  FileInputStream fis = new FileInputStream(src);
  FileOutputStream fos = new FileOutputStream(dst);
  byte[] buff = new byte[1024 * 1024];
  int len = 0;
  long time1 = System.currentTimeMillis();
  while((len = fis.read(buff))! = -1){
      fos.write(buff, 0, len);
  }
  fis.close();
  fos.close();
  long time2 = System.currentTimeMillis();
  System.out.println("复制完成,共花费:" + (time2 - time1) + "毫秒");
}
catch(IOException e){
  out.println(e.getMessage());
}
```

缓冲字符流的出现提高了对流的操作效率，原理就是将数组进行封装，在使用缓冲的字符流对象时，缓冲的存在是为了增强流的功能，因此在建立缓冲的字符流对象时，要先有流对象的存在。BufferedReader 的 readLine( ) 方法读取一个文本行，返回读取到的一行文本字符串，一个字符一个字符地读，当读到"\r"或"\n"或"\r\n"时，这一行的读取就结束了，把前面的 n 个字符合并成一个 String 返回，而且"\r"或"\n"或"\r\n"是不会在返回的字符串中。如果将读入的字符流写出去，则需要添加换行符。

8.4.3 实现图片复制

复制一个图片文件，用到流对象 FileInputStream 和 FileOutputStream，首先将字节流读取对象 InputStream 和图片文件相关联，然后用字节流输出对象 OutputStream 创建一个文件，用于存储读取到的图片数据，通过循环读写，完成数据的存储。为了提高读写效率，可以配合使用 BufferedInputStream 类和 BufferedOuputStream 类。示例代码如下：

```
<%@ page contentType="text/html; charset=UTF-8"%>
<%@ page import="java.io.*" %>
<%
  String f1=application.getRealPath("/chap8/old.jpg");
  File src=new File(f1);
  String f2=application.getRealPath("/chap8/new.jpg");
  File dst=new File(f2);
  //指定要读取文件的缓冲输入字节流
  BufferedInputStream in = new BufferedInputStream(new FileInputStream
(src));
  BufferedOutputStream bufout = new BufferedOutputStream(new FileOut-
putStream(dst));
  byte[] bb=new byte[1024];//用来存储每次读取到的字节数组
  int n;//每次读取到的字节数组的长度
  while((n=in.read(bb))! =-1){
    bufout.write(bb, 0, n);//写入到输出流
  }
  bufout.close();//关闭流
  in.close();
%>
```

8.4.4 任意位置读写文本

使用随机文件流类RandomAccessFile可以将一个文本文件倒置读出。RandomAccessFile类的seek()方法能把读取文件的光标移动到具体的位置。需要注意一个字母或数字占用一个字节，一个汉字占用两个字节，读取到字节时要获取其整数值。如果值属于0~255之间，则可确定其是英文字符，可以直接添加到字符串中；如果值不在ASCII码范围内，则可确定其是一个汉字字符。汉字字符是占两个字节的，此时文本位置需要后退一个字节，然后RandomAccessFile对象需要读取文件中连续的两个字节。

8.4.5 检测文件大小和类型

浏览器在上传的过程中是将文件以流的形式提交到服务器端的。具备文件上传功能的网页常被单独作为一个网页嵌入主页面，<iframe>标签表示内联框架，如果某个网页里有该标签，则相当于在当前页面里生成内部框架，嵌入其他网页。文件上传操作通常会附加一些限制，如文件类型、上传文件总大小、每个文件的最大大小等，根据获取的文件内容长度可以得到文件大小和限定的大小进行比对，读取上传临时文件的第二行获取文件类型和限定的文件类型进行比对，根据比对结果做出相应的操作。

第9章

JSP数据库操作

绝大多数 Web 应用程序需要利用数据库存取相关信息，比如用户信息、商品信息、交易信息等。数据库是用来存储和管理数据的仓库，可以存储大量数据，方便检索，保持数据的一致性和完整性，安全且可共享。JSP 通常使用 Java 数据库连接提供的应用程序编程接口（API）和数据库进行信息交互。

9.1 JDBC

JDBC 全称是 Java 数据库连接（Java Database Connectivity），它是一套用于执行 SQL 语句的 Java API。

9.1.1 JDBC 介绍

Java 应用程序通过 API 连接到关系型数据库，并使用 SQL 语句来完成对数据库中数据的查询、新增、更新和删除等操作。Java 应用程序使用 JDBC 访问特定的数据库时，需要与不同的数据库驱动进行连接。由于不同数据库厂商提供的数据库驱动不同，所以为了使应用程序与数据库真正建立连接，JDBC 不仅需要提供访问数据库的 API，而且需要封装与各种数据库服务器通信的细节。JDBC 中的 Driver 接口是所有 JDBC 驱动程序必须实现的接口，该接口专门提供给数据库厂商使用。JDBC 中的核心类有 DriverManager、Connection、Statement 和 ResultSet。

DriverManager 接口于加载 JDBC 驱动并且创建与数据库的连接，DriverManager 类的静态方法 registerDriver（Driver driver）用于向 DriverManager 中注册给定的 JDBC 驱动程序；getConnection（String url，String user，String pwd）方法用于建立和数据库的连接，并返回表示连接的 Connection 对象。

Connection 接口代表 Java 程序和数据库的连接，只有获得该连接对象后，才能访问数据库和操作数据表。getMetaData( )方法用于返回表示数据库的元数据的 DatabaseMetaData 对象；createStatement( )方法用于创建一个 Statement 对象将 SQL 语句发送到数据库；prepareStatement（String sql）用于创建一个 PreparedStatement 对象将参数化的 SQL 语句发送到数据库；prepareCall（String sql）用于创建一个 CallableStatement 对象调用数据库存储过程。

Statement 接口用于执行静态的 SQL 语句并返回一个结果对象，executeUpdate（String sql）方法执行更新操作；executeQuery（String sql）方法执行查询操作并返回查询结果 ResultSet；execute（String sql）方法用于执行各种 SQL 语句，返回 boolean 类型的值，true 表示所执行的 SQL 语句有查询结果，并通过 Statement 对象的 getResultSet( )方法获得查询结果。

PreparedStatement 是 Statement 的子接口，用于执行预编译的 SQL 语句，SQL 语句可以使用占位符"?" 来代替其参数，然后通过 setXxx( )方法为 SQL 语句的参数赋值；setInt(int parameterIndex,int x)将指定参数设置为给定的 int 值；setFloat(int parameterIndex,float x)将指定参数设置为给定的 float 值；setString(int parameterIndex,String x)将指定参数设置为给定的 String 值；executeQuery( )方法在 PreparedStatement 对象中执行 SQL 查询，返回 ResultSet 对象；executeUpdate( )方法在 PreparedStatement 对象中执行 DML 或者 DML 等 SQL 语句。

ResultSet 接口用于保存 JDBC 执行查询时返回的结果集，该结果集封装在一个逻辑表格中。在 ResultSet 接口内部有一个指向表格数据行的游标，ResultSet 对象初始化时，游标在表格的第一行之前，调用 next( )方法可将游标移动到下一行。如果下一行没有数据，则返回 false。在应用程序中，经常使用 next( )方法作为 while 循环的条件来迭代 ResultSet 结果集。

9.1.2 JDBC 使用

使用 JDBC 时需要加载并注册数据库驱动，通过 DriverManager 获取数据库连接，利用 Connection 对象获取 Statement 对象，使用 Statement 执行 SQL 语句，操作 ResultSet 结果集，最后关闭连接并释放资源。使用 JDBC 的应用程序一旦和数据库建立连接，就可以使用 JDBC 提供的 API 操作数据库，JDBC 使用如图 9-1 所示。

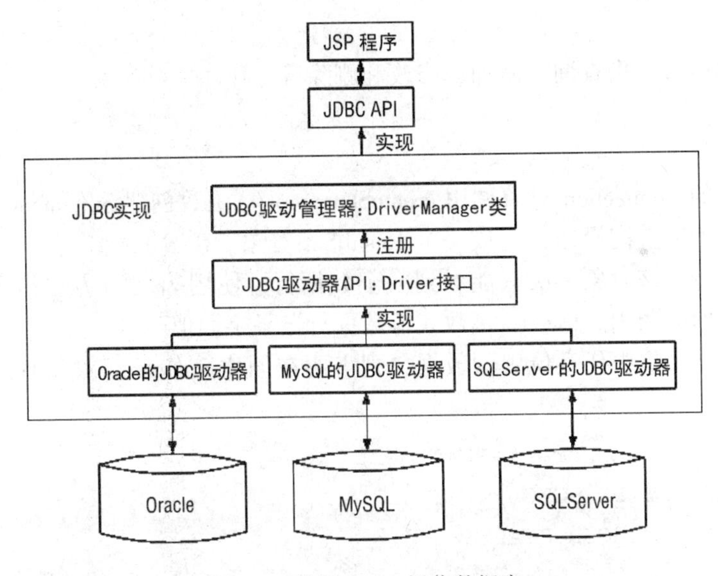

图 9-1 使用 JDBC 操作数据库

Class 是包 java. lang 的一个类，该类通过调用静态函数 forName 加载数据库驱动包，加载 MySQL 驱动程序的代码如下：

```
Class.forName("com.mysql.jdbc.Driver");
```

获取连接的代码如下：

```
Connection con = DriverManager.getConnection(url,username,password);
```

上面代码中 username 和 password 是登录数据库的用户名和密码；url 是连接数据库的地

址，由使用冒号分隔的三部分组成：第一部分是 jdbc；第二部分是数据库名称，比如 mysql 或 sqlserver；第三部分由数据库服务器的 IP 地址、端口号和数据库名称组成。

连接上数据库以后，通过 Connection 获取 Statement 对象，代码如下：

```
Statement stmt = con.createStatement();
```

Statement 向数据库发送要执行的 SQL 语句，代码如下：

```
String sql = "select * from user";
ResultSet rs = stmt.executeQuery(sql);
```

执行查询使用 executeQuery( ) 方法，返回封装了查询结果的结果集。ResultSet 是一张二维表格，使用 ResultSet 提供的 getXxx （int col） 方法获取指定列的数据。与输入输出流一样，使用后需要关闭连接，代码如下：

```
rs.close();
stmt.close();
con.close();
```

9.2 操作数据库

数据库操作通常是指查询、添加、修改和删除等操作。

9.2.1 查询操作

连接数据库的 Connection 对象调用 createStatement( ) 函数创建 Statement 对象，Statement 对象完成对数据库的查询操作，生成一个 ResultSet 对象。ResultSet 对象包含符合 SQL 语句执行结果的所有行，该对象一次只能看到一个数据行，使用 next( ) 方法指到下一个数据行实现顺序查询，然后调用 getXxx( ) 函数获得数据行记录字段值。

如果想获取结果集中任意位置的数据，则需要在创建 Statement 对象时设置两个 ResultSet 定义的常量。

```
Statement st = conn.createStatement(
    ResultSet.TYPE_SCROLL_INSENITIVE,
    ResultSet.CONCUR_READ_ONLY
);
ResultSet rs = st.excuteQuery(sql);
```

上面代码中常量 “ResultSet. TYPE_ SCROLL_ INSENITIVE” 表示结果集可滚动，常量 “ResultSet. CONCUR_ READ_ ONLY” 表示以只读形式打开结果集。

ResultSet 内部维护一个行游标，ResultSet 对象的 beforeFirst( ) 方法把游标放到第一行的前面，它是游标默认的位置；afterLast( ) 方法把游标放到最后一行的后面；first( ) 方法把游标放到第一行的位置上，返回值表示调控游标是否成功；last( ) 方法把游标放到最后一行的位置上；isBeforeFirst( ) 方法判断当前游标位置是否在第一行前面；isAfterLast( ) 方法判断当前游标位置是否在最后一行的后面；isFirst( ) 方法判断当前游标位置是否在第一行上；

isLast()方法判断当前游标位置是否在最后一行上；previous()方法把游标向上移动一行；relative（int row）方法设置游标的相对位移，当row为正数时表示向下移动row行，当row为负数时表示向上移动row行；absolute（int row）方法把游标移动到指定的行上；getRow()方法返回当前光标所有行；getMetaData()方法得到元数据；getColumnCount()方法获取结果集为列数；getColumnName（int colIndex）方法获取指定列的列名。

ResultSet对象的getString（int columnIndex）方法获取指定列的String类型的数据；getInt（int columnIndex）方法获取指定列的int类型数据；getDouble（int columnIndex）方法获取指定列的double类型数据；getBoolean（int columnIndex）方法获取指定列的boolean类型的数据；getObject（int columnIndex）方法获取指定列的Object类型的数据。在上面方法中，参数columnIndex表示列的索引，列索引从1开始，而不是从0开始，如果不确定列的类型，那么应该使用getObject()方法来获取。上面方法除了可以使用列索引外，还可以通过列名称来获取列数据。

```
<%@ page contentType="text/html; charset=UTF-8"%>
<%@ page import="java.sql.*"%>
<%
 String name,number,sex,college,speciality;
 Connection con;
 Statement stmt;
 ResultSet rs;
 String url;
 try {
  Class.forName("sun.jdbc.odbc.JdbcOdbcDriver");
 }
 catch(ClassNotFoundException e){}
 try {
  url=application.getRealPath("/chap9/database/student.mdb");
  con=DriverManager.getConnection("jdbc:odbc:driver"+
  "={Microsoft Access Driver(*.mdb)};DBQ="+url+"");
  stmt=con.createStatement(
  ResultSet.TYPE_SCROLL_SENSITIVE,ResultSet.CONCUR_READ_ONLY);
  rs=stmt.executeQuery("select * from tb_StuInfo");
  rs.last();
  int lownumber=rs.getRow();
  out.print("该表共有"+lownumber+"条记录");
  out.print("<br>现在逆序输出记录:");
  out.print("<table class='datalist'>");
  out.print("<tr>");
  out.print("<th>学号</th><th>姓名</th><th>性别</th><th>学院
</th><th>专业</th>");
```

```
        out.print("</tr>");
        rs.afterLast();
        while(rs.previous()){
            out.print("<tr>");
            out.print("<td>"+rs.getString("StuID")+"</td>");
            out.print("<td>"+rs.getString("StuName")+"</td>");
            out.print("<td>"+rs.getString("StuSex")+"</td>");
            out.print("<td>"+rs.getString("StuCollege")+"</td>");
            out.print("<td>"+rs.getString("StuSpeciality")+"</td>");
            out.print("</tr>");
        }
        out.print("</table>");
        rs.close();
        stmt.close();
        con.close();
    }
    catch(SQLException e){
        out.print("sql exception");
    }
%>
```

以上代码连接 Access 数据库 student.mdb，使用滚动的结果集，将游标移动到最后一行之后，使用 previous()方法逆序输出了学生信息表记录，效果如图 9-2 所示。

学生信息列表

127.0.0.1:8080/chap9/query2X.jsp

该表共有6条记录
现在逆序输出记录:

学号	姓名	性别	学院	专业
20170505	符岳	男	理学院	基础数学
20170405	杨威	男	机械学院	汽车制造
20170321	武梅	女	管理学院	会计学
20180315	柳慧	女	管理学院	国际贸易
20180202	李丽	女	外国语学院	俄英
20180101	王立	男	计算机学院	计算机科学与技术

单独输出第5条记录：20170405,杨威,男,机械学院,汽车制造。

图 9-2　滚动查询学生记录

查询字符数据时常用谓词"=""like" 及其他比较运算符，字符数据的常量要包含在单引号（'）内。

```
String sql = "select * from tb_StuInfo where StuCollege = '管理学院' ";
```

以上 SQL 语句表示查询学生信息表中学院为“管理学院”的学生信息，但是实际查询时，查询字符串一般是变量而非固定常量，所以需要将查询字符串数据赋值给变量。

```
String college = request.getParameter("str");
String sql = "select * tb_StuInfo where StuCollege = '" + college + "' ";
```

以上代码对于字符串变量的查询需要在变量的两端添加连接符（+）以及引号（"），效果如图9-3所示。

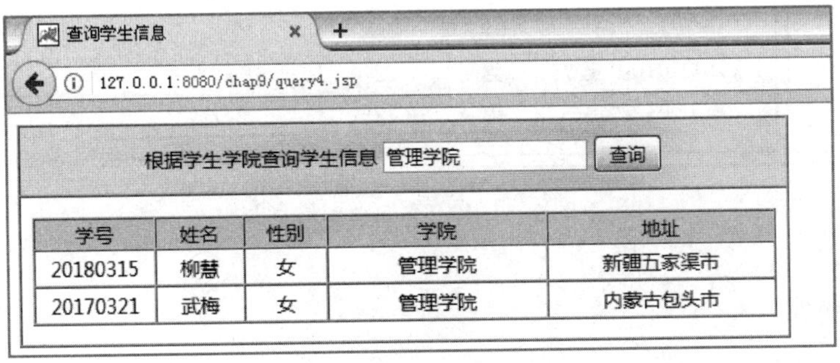

查询学生信息
127.0.0.1:8080/chap9/query4.jsp
根据学生学院查询学生信息 管理学院 查询

学号	姓名	性别	学院	地址
20180315	柳慧	女	管理学院	新疆五家渠市
20170321	武梅	女	管理学院	内蒙古包头市

图9-3　字符串变量查询记录

可以使用SQL语句操作符like进行模式匹配，使用"%"代替一个或多个字符，用一个下画线"_"代替一个字符。模糊查询一般需要在变量的两端添加"%"，同时使用"like"关键字。

```
String sql = "select * from tb_StuInfo where StuCollege like '%" + college
+ "%'";
```

以上代码使用模糊查询，没有限制学院名称，具有通用性，效果如图9-4所示。

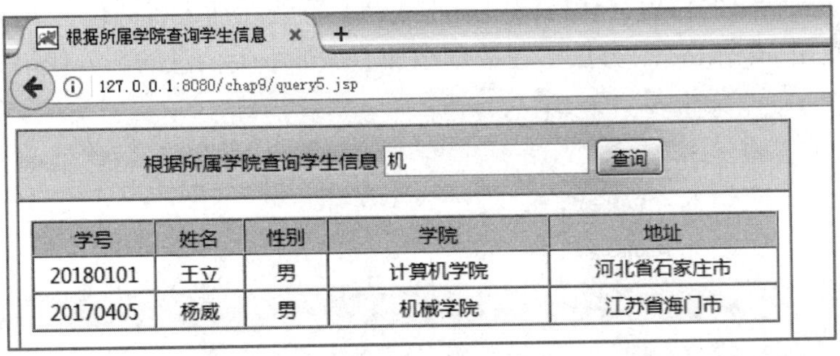

根据所属学院查询学生信息
127.0.0.1:8080/chap9/query5.jsp
根据所属学院查询学生信息 机 查询

学号	姓名	性别	学院	地址
20180101	王立	男	计算机学院	河北省石家庄市
20170405	杨威	男	机械学院	江苏省海门市

图9-4　模糊查询学生信息

可以在SQL语句中使用order by子句对记录排序，利用top子句列出结果集中前几个或后几个记录，top n返回满足where子句的前n条记录。要实现查询大于指定条件的数据，只需在SQL语句的where子句中使用大于（>）运算符即可。

```
String age = request.getParameter("str");
String sql = "select * from tb_stuInfo where StuAge > " + Integer.parseInt
(age);
```

以上代码表示获取输入信息，并转换为数字格式，查询某个年龄段的学生，效果如图9-5

所示。

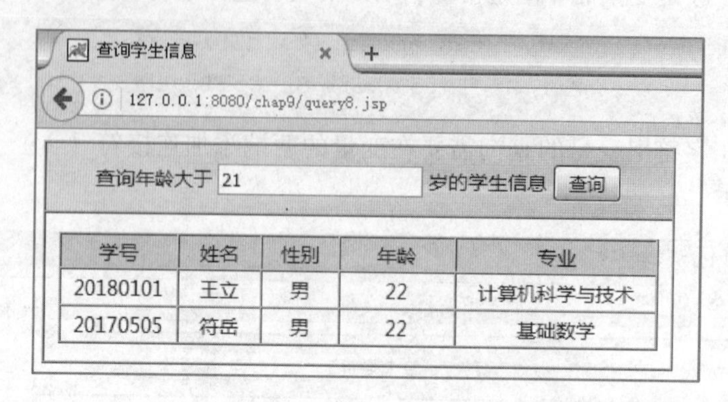

图9-5　比较查询学生信息

9.2.2　更新操作

Statement 对象调用方法 executeUpdate（String sql）向数据表中添加记录，该方法返回一个整数，指明受影响的行数。SQL 语句格式为"insert into 表名（列名1，列名2，…）values（值1，值2）"。下面代码将获取的学号、姓名等某学生信息写入数据表 student。

```
    String sql = "insert into student(stuID,stuName,stuMath,stuEng,stuPhy)
values('" + number +
    "','" + name + "'," + m + "," + o + "," + p + ")";
    stmt.executeUpdate(sql);
```

ResultSet 结果集对象也可以使用自身方法将数据添加至数据表，首先调用 moveToInsertRow()方法将游标移动到特定的位置，然后调用 updateXXX 方法在插入行的位置上完成对各列数据的更新，最后使用 insertRow()方法实现数据添加。添加学生信息的部分代码如下：

```
rs = stmt.executeQuery("select * from student");
rs.moveToInsertRow();
rs.updateString(2,number);
rs.updateString(3,name);
rs.updateInt(4,m);
rs.updateInt(5,o);
rs.updateInt(6,p);
try{
  rs.insertRow();
}
catch(Exception e){
  out.println(e.getMessage());
}
```

Statement 对象调用方法 executeUpdate（String sql）修改数据表记录，参数 sql 指定对数据表中记录的字段值进行更新。SQL 语句格式为"update 表名 set 字段名1 = 字段值1，字段名2 = 字段值2，... where 特定条件"。下面代码修改数据表 student 中指定学号学生的学习成绩。

```
String sql ="update student set stuMath =" +newMath +",stuEng =" +newEnglish
+",stuPhy ="
 +newPhysics +" where stuID ='" +number +"'";
stmt.executeUpdate(sql);
```

可更新的 ResultSet 可以完成对数据的修改。首先将 ResultSet 的游标移动到需要更新的行，然后调用 updateXxx()方法。该方法的第一个参数是要更新列的列名或者序号；第二个参数是要更新的数据，数据类型要和 Xxx 相同。每完成对一行的 update 要调用 updateRow()完成对数据库的写入，而且是在 ResultSet 的游标没有离开该修改行之前，否则修改将不会被提交。修改指定学号的学生信息的部分代码如下：

```
rs =stmt.executeQuery("select * from student where stuID ='" +number +"'");
if(rs.next()){
  rs.updateInt(4,m);
  rs.updateInt(5,o);
  rs.updateInt(6,p);
  try{
        rs.updateRow();
  }
  catch(Exception e){out.println(e.getMessage());}
}
```

Statement 对象调用方法 executeUpdate（String sql）删除数据库表中的记录，参数 sql 给出删除条件。SQL 语句格式为"delete from 表名 where 删除条件"。下面代码用于删除数据表 student 中指定学号学生的信息。

```
String sql ="delete from student where stuID ='" +number +"'";
stmt.executeUpdate(sql);
```

可更新的 ResultSet 可以完成对数据的删除。删除记录集中某个记录时，首先定位到需要删除的记录，然后使用 deleteRow()方法将其删除。删除指定学号的学生信息的部分代码如下：

```
String sql ="select * from student where stuID ='" +number +"'";
rs =stmt.executeQuery(sql);
if(rs.next()){
  try {
    rs.deleteRow();
  }
  catch (Exception e) {out.println (e.getMessage());}
}
```

9.3 JSP 数据库操作案例

讲解案例的目的是使学生学会如何使用 JDBC 操作数据库和实现数据表信息分页显示。

9.3.1 案例——学生基本信息管理

设计数据表，编写 JSP 代码，实现学生基本信息的录入、查询、删除等操作。

（1）创建一个 Access 数据库 mystu. mdb（也可使用 SQL Server 数据库），该数据库含有"stuinfo"表，该表包含 ID（自动编号）、stuNumber（学号）、stuName（姓名）、stuSex（性别）、stuAge（年龄）、stuCollege（所在学院）、stuSpeciality（所学专业）、stuClass（所在班级）等字段。

（2）编写主页面 index. jsp，该页面为框架结构，顶部为 menu. jsp，底部默认为 queryStu. jsp。menu. jsp 中包含“增加学生信息”和“查询学生信息”两个超链接，如图 9-6所示。

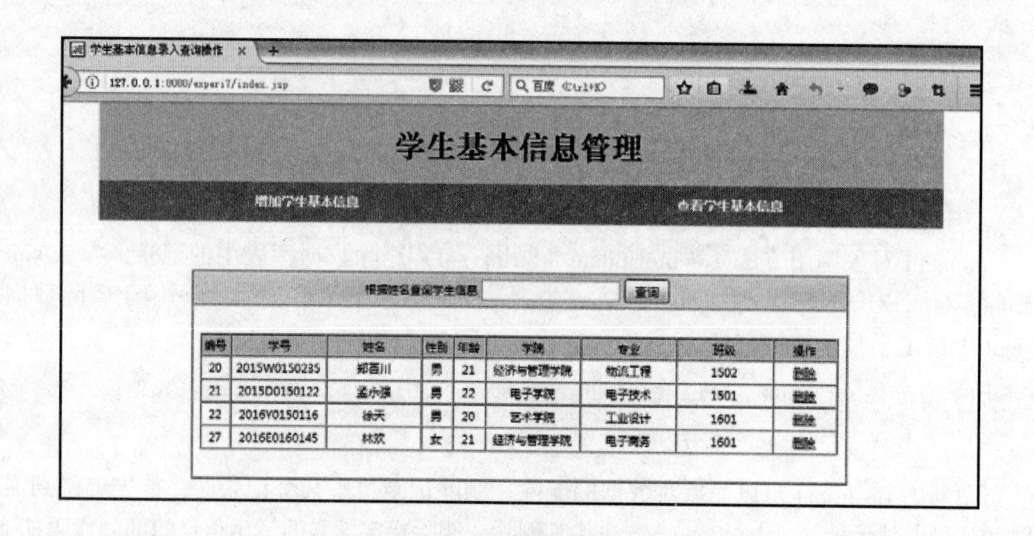

图 9-6 学生基本信息管理首页

单击“增加学生信息”超链接，addStu. jsp 被调用并覆盖底部，填写学生信息并单击“确定新增”按钮，可将信息添加至学生信息表 stuInfo 中，需要进行学号是否重复检查（请添加编程者本人信息），如图 9-7 和图 9-8 所示。

单击“查询学生信息”超链接，queryStu. jsp 被调用并覆盖底部，学生信息表中所有信息以表格形式显示，并可提交姓名查询，也可删除学生信息，如图 9-9 所示。

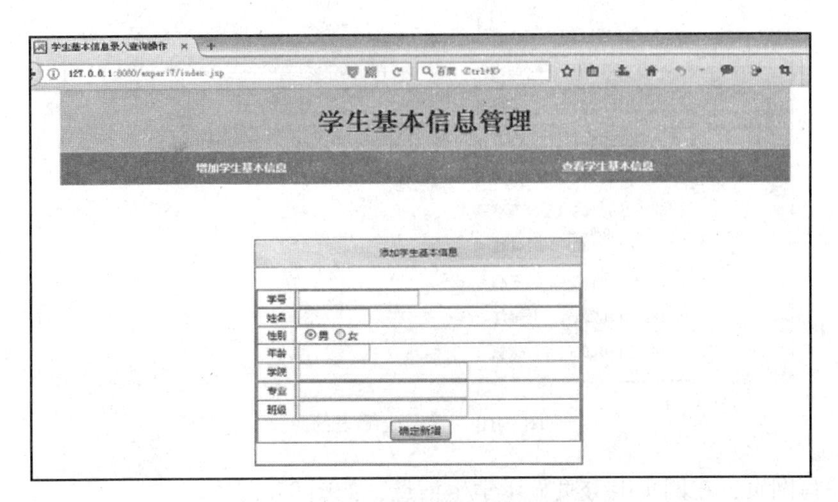

图9-7　添加学生信息页面

图9-8　学号重复提示

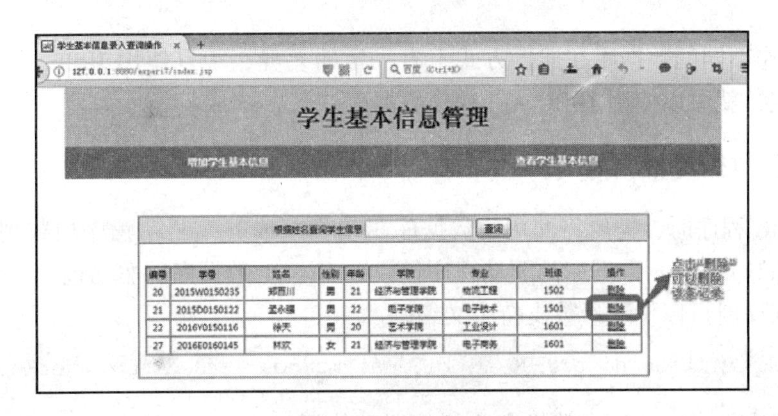

图9-9　选择删除学生信息

9.3.2　案例——分页显示数据表信息

如果数据表记录太多，不能全部显示在网页上，否则会占据过多的页面，而且显示速度会很慢。为了控制每次在页面上显示数据的数量，需利用分页显示数据。已知数据库mystu.mdb中的student表，如图9-10所示。

student

id	stuID	stuName	stuMath	stuEng	stuPhy
32	20150302	孟晓丽	85	86	92
33	20150401	刘流	66	75	77
37	20160101	张林	77	85	91
34	20160102	吕小平	83	74	66
25	20160103	林峰	88	100	100
13	20170133	王海	100	100	96
18	20170201	郑红	78	85	69
24	20170202	张敏	88	96	78

图 9-10　学生成绩表信息

要求编写网页，在网页上分页显示学生信息，如图 9-11 所示。

共有3页
目前显示第1页

学号	姓名	数学成绩	英语成绩	物理成绩
20150302	孟晓丽	85	86	92
20150401	刘流	66	75	77
20160101	张林	77	85	91

1 2 3　　1页 ▾ 1页 2页 3页

图 9-11　分页显示学生成绩

9.4　JSP 数据库操作案例分析

JDBC 操作不同的数据库在连接方式上有一定的差异，一旦使用 JDBC 的应用程序与数据库建立连接，就可以使用 JDBC API 操作数据库。

9.4.1　连接数据库注意事项

编写 JDBC 程序时，需要将使用的数据库驱动程序或类库驱动程序加载到项目的 classpath 中，比如 SQLServer 数据库的驱动程序包或者 MySQL 数据库的驱动包。

连接数据库时可以设置参数支持中文编码。

```
jdbc:mysql://localhost:3306/mydb1? useUnicode =true&characterEncoding =UTF8
```

上面代码中 useUnicode 参数指定连接数据库使用 Unicode 字符集，characherEncoding 参数指定使用 UTF-8 编码，但是语句中要写 UTF8，而不是 UTF-8。

连接 Access 数据库可以采用数据源方式或者绝对路径方式，代码如下：

```
Connection conn = DriverManager.getConnection ( " jdbc: odbc: driver =
{Microsoft Access Driver(*.mdb)};DBQ =F:/education.mdb");
```

也可以利用 application 对象采用相对路径的方式连接 Access 数据库，代码如下：

```
Connection conn = DriverManager.getConnection ( "jdbc: odbc: driver =
{Microsoft Access Driver (*.mdb)}; DBQ = " + application.getRealPath ("/.../
education.mdb"));
```

9.4.2 ResultSet 接口的使用

ResultSet 对象表示查询结果集，只有在执行查询操作后，才会有结果集的产生。结果集是一个二维的表格，有行有列。

ResultSet 接口中定义了大量的 getXxx()方法，具体采用哪种 getXxx()方法取决于字段的数据类型。程序既可以通过字段的名称获取指定的数据，也可以通过字段的索引获取指定的数据，字段索引从 1 开始。例如，数据表的第一列字段名为 id，字段类型为 int，既可以使用 getInt（1）获取该列的值，也可以使用 getInt（" id"）获取该列的值。

9.4.3 字符串查询

通常需要将查询字符串数据赋值给变量，然后将变量加到 SQL 语句中。

```
String sql ="select * from tb_StuInfo where StuCollege ='管理学院' ";
```

上面代码中要替换字符串文本的 college 是文本型变量，必须加上单引号，替换规则是：删除“管理学院”，在原字符串“管理学院”的位置先加上两个双引号，然后在两个双引号之间加上两个加号，最后将变量加到这两个加号中间，代码如下：

```
String sql ="select * from tb_stuInfo where StuCollege ='" +college +"'";
```

9.4.4 分页显示功能分析

通常需要使用分页功能将产品或新闻等信息显示在网页上。假设数据表总记录数为 m，每页显示 n 条，若 m 除以 n 的余数等于 0，则页数等于 m 除以 n 的商；若 m 除以 n 的余数大于 0，则页数等于 m 除以 n 的商加 1，页数公式为：pageCount =（m% n）= = 0?（m/n）:（m/n +1）。假如数据表有 108 条记录，每页显示 20 条，则页数为 108/20 + 1 =6 页，前 5 页每页显示 20 条，第 6 页显示 8 条。

当要显示第 p 页的记录时，首先利用（p-1）* n +1 计算该页的第一条记录所在位置，然后定位在该条记录，最后循环取出该页记录，部分代码如下：

```
int position = (p-1) * n +1;
rs.absolute(position);
for(int i =1;i < =n;i ++){
  stuNumber = rs.getString(2);
  stuName = rs.getString(3);
  math = rs.getInt("stuMath");
  english = rs.getInt("stuEng");
  physics = rs.getInt("stuPhy");
```

```
  if(! (rs.next()))break;
}
```

计算得到页数，可以通过循环以超链接的方式输出至页面上，也可以通过下拉列表的方式显示，部分代码如下：

```
<%
  for(int j =1;j < =pageCount;j ++){
    if(p ==j){
      out.print(j +" ");
    }
    else{
      out.print(" <a href =? p =" +j +" >" +j +" </a > ");
    }
  }
% >
<select name =p onchange ="pageChange()" >
<%
  for(int j =1;j < =pageCount;j ++){
    if(p ==j){
      out.print(" <option selected value =? p ="+j +">"+j +"页</option >");
    }
    else{
      out.println(" <option value =? p =" +j +" >" +j +"页 </option >");
    }
  }
% >
</select >
```

第10章 综合案例——信息发布系统

本章设计实现一个信息发布系统，其目的是训练学生掌握 Web 应用程序中常用基本模块的开发实现方法。

10.1 案例要求

实现信息发布系统需要的主要知识点包括：利用前端知识进行排版布局；利用 JSP 内置对象 request 获取表单提交的信息，将获取的信息通过操作数据库写入数据库表；获取超链接传递的参数，根据获取的参数值查询数据库表；后台管理员登录检测，利用 session 对象记录登录的用户名。

1）创建数据库，设计管理员表、广告图片表、公告信息表、新闻信息表、会员信息表等数据表。

2）设计后台管理相关页面，当单击主页 index. jsp 的“后台管理”时进入后台登录页面 login. jsp，输入管理员用户名和密码，提交至 chkLogin. jsp，查询管理员表，如果有该条记录，则进入后台管理主页 admin_index. jsp 并记录登录身份，否则进入错误页面 error. jsp。

3）实现后台公告信息的管理，管理员登录单击添加公告页 admin_addBoard. jsp，填写公告标题和公告内容，提交至 admin_addBoardOk. jsp，admin_addBoardOk. jsp 将获取的信息添加到数据表 Board 中；单击公告管理页 admin_board. jsp，查看公告列表，可以选择某条公告进行修改或删除；单击“编辑”按钮将 BoardID 传递至修改页 admin_editBoard. jsp，admin_editBoard. jsp 根据 BoardID 取出 Board 中相应信息，修改后提交至 admin_editBoard-Ok. jsp，admin_editBoardOk. jsp 根据 BoardID 修改 Board 表中相应信息；单击“删除”按钮将 BoardID 传递至删除页 admin_delBoard. jsp，admin_delBoard. jsp 根据 BoardID 删除 Board 表中相应信息。

4）实现后台新闻的添加，要求嵌入富文本编辑器，效果如图 10-1 所示。

5）实现后台新闻管理，查看新闻列表，可以选择某条新闻进行修改或删除，效果如图 10-2所示。

单击“编辑”按钮进入修改页面，可以修改某条新闻；单击“删除”按钮可以删除某条新闻，效果如图 10-3 所示。

标题	
作者	不详
来源	网络
内容	

确定新增

图 10-1　后台添加新闻

新闻管理

编号	标题&发布时间	操作
28	关于信息内容分段问题，与添加相关 [2018-01-23 21:55:06]	编辑 删除
26	无人零售深度报告 [2018-01-05 00:59:41]	编辑 删除
25	产品和运营 [2017-12-13 15:16:05]	编辑 删除
24	阿里的增量创新与存量改造 [2017-12-11 00:52:13]	编辑 删除
23	中国进口全球65%铁矿石 钢铁出口频遭反倾销 [2017-12-10 16:39:42]	编辑 删除
22	传统零售巨头自救，家乐福能成功吗？ [2017-12-09 06:21:08]	编辑 删除
21	阿里为何怒告刷单平台？我们揭开了这个江湖的隐秘内幕 [2017-12-08 18:21:57]	编辑 删除
20	休闲食品热潮下，这家做鱼豆腐的公司说上市后要砸3000万做电商 [2017-12-07 20:27:07]	编辑 删除
19	喜马拉雅FM单日成交破5000万 [2017-12-05 16:22:18]	编辑 删除
18	品牌营销要有怎样的产品矩阵？ [2017-12-04 12:23:21]	编辑 删除

首页 上一页 下一页 末页 1页 共14条记录 10条/每页

图 10-2　后台新闻管理列表

修改新闻

标题	产品和运营
作者	吕杰
来源	天下网商
内容	

随着互联网技术的逐渐成熟，产品经理能力的提升，产品方法论逐渐被穷尽，产品的同质化也越来越严重，从2012年的百团大战到这几年的P2P、直播等，在产品模式上和产品功能上的创新变得越来越难，差异化越来越小。所以大概从现在开始，决定一个产品在竞争中能够脱颖而出，运营就很重要。那也是为什么这些年精准营销，增长黑客的概念非常火爆的原因。

在这个时代背景下，产品经理要深入到业务里去，深入到运营的细节里去，而不能认为仅仅只是通过研究交互、用户体验就能做出好产品的了。产品必须要站在业务发展的角度去看渠道、运营、资源，考虑一系列运营推广的问题以评估自己的产品架构、迭代方向和功能设计是否合理。但是我们也看到，还是有很多产品经理连拉新、促活和留存都不是很清楚。拿我们这个行业来说，不少产品经理对自己的产品每日大概交易额、日活以及投资转化率都不清楚；用户注册、实名、绑卡、投资和复投等环节的转化数据一点不关心，当然也不知道哪个环节用户流失最严重。从这个角度来看，他做的决策必然是不符合预期的，并且也找不到原因。比如，现在很多互联网公司的运营推广部门背了KPI辛辛苦苦把用户拉进产品之后，产品却没有做到引导用户达到一定的业务发展和运营推广的预期结果的事情。

确定修改

图 10-3　后台修改新闻

6）实现新闻分页，分页显示新闻信息表标题，如图 10-4 所示。

企业新闻列表	
关于信息内容分段问题，与添加相关	2018-01-23
无人零售深度报告	2018-01-05
产品和运营	2017-12-13
阿里的增量创新与存量改造	2017-12-11
中国进口全球65%铁矿石 钢铁出口频遭反倾销	2017-12-10
传统零售巨头自救，家乐福能成功吗？	2017-12-09
阿里为何怒告刷单平台？我们揭开了这个江湖的隐秘内幕	2017-12-08
休闲食品热潮下，这家做鱼豆腐的公司说上市后要砸3000万做电商	2017-12-07
喜马拉雅FM单日成交破5000万	2017-12-05
品牌营销要有怎样的产品矩阵？	2017-12-04

首 页　上一页　下一页　末 页　1页　共14条记录 10条/每页

图 10-4　新闻分页显示

单击新闻列表中某条新闻标题，进入浏览页，详细查看该条新闻，如图 10-5 所示。

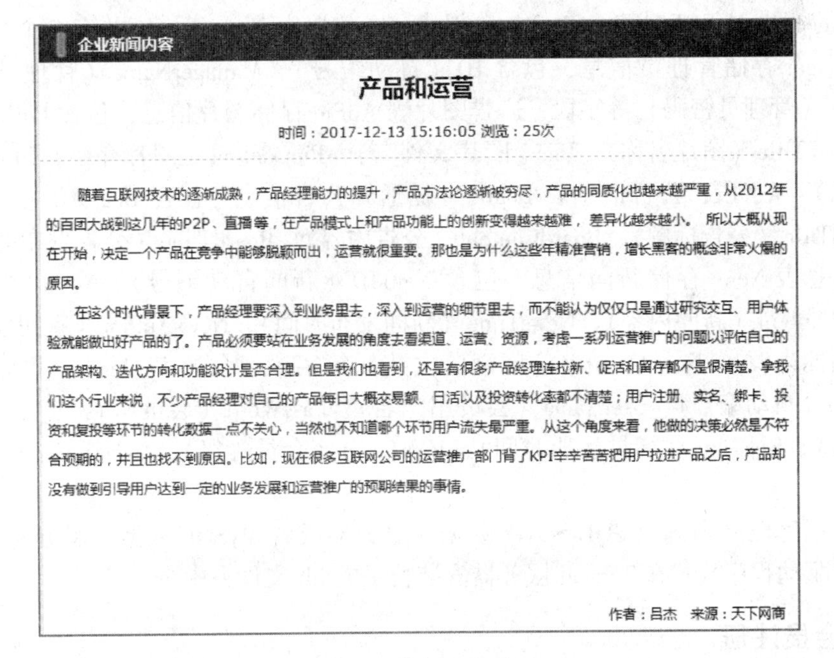

企业新闻内容

产品和运营

时间：2017-12-13 15:16:05 浏览：25次

随着互联网技术的逐渐成熟，产品经理能力的提升，产品方法论逐渐被穷尽，产品的同质化也越来越严重，从2012年的百团大战到这几年的P2P、直播等，在产品模式上和产品功能上的创新变得越来越难，差异化越来越小。 所以大概从现在开始，决定一个产品在竞争中能够脱颖而出，运营就很重要。那也是为什么这些年精准营销，增长黑客的概念非常火爆的原因。

在这个时代背景下，产品经理要深入到业务里去，深入到运营的细节里去，而不能认为仅仅只是通过研究交互、用户体验就能做出好产品的了。产品必须要站在业务发展的角度去看渠道、运营、资源，考虑一系列运营推广的问题以评估自己的产品架构、迭代方向和功能设计是否合理。但是我们也看到，还是有很多产品经理连拉新、促活和留存都不是很清楚。拿我们这个行业来说，不少产品经理对自己的产品每日大概交易额、日活以及投资转化率都不清楚；用户注册、实名、绑卡、投资和复投等环节的转化数据一点不关心，当然也不知道哪个环节用户流失最严重。从这个角度来看，他做的决策必然是不符合预期的，并且也找不到原因。比如，现在很多互联网公司的运营推广部门背了KPI辛辛苦苦把用户拉进产品之后，产品却没有做到引导用户达到一定的业务发展和运营推广的预期结果的事情。

作者：吕杰　来源：天下网商

图 10-5　新闻内容显示

10.2　案例分析

依据系统功能需求创建数据库和设计数据表，针对划分的模块，利用 HTML5、CSS3 和 JavaScript 等知识完成相应网页的排版布局，为应用程序增加连接数据库的功能和操作数据表的功能。

10.2.1 系统基本功能

1）会员注册：新会员填写用户名、登录密码等注册信息，如果用户名已被占用，系统提示注册者要更改自己的用户名。

2）会员登录：输入用户名、密码，如果输入有误，系统给出错误提示。

3）会员登录后可以修改注册信息，退出登录。

4）查看公告通知。

5）分页查看新闻信息，查看新闻详细内容。

6）会员针对某条信息可以进行评论。

7）管理员登录：输入用户名、密码，如果输入有误，系统给出错误提示。

8）管理员登录后可以修改管理员信息，退出登录。

9）管理注册会员信息。

10）管理公告和新闻信息。

10.2.2 数据表分析

使用 Access、MySQL 或者 SQL Server 创建一个数据库 News。该库共有 5 个数据表，管理员表 Manager 存储管理员信息，包含 ID（自动编号）、ManagerName（管理员用户名）、ManagerPass（管理员密码）等字段；广告图片表 AdPic 存储图片信息，包含 PicID（图片自动编号）、PicTitle（图片名称）、Pic（图片文件名）、PicContent（图片介绍）、PicTime（图片上传时间）等字段；公告信息表 Board 存储通知公告信息，包含 BoardID（公告自动编号）、BoardTitle（公告标题）、BoardContent（公告内容）、BoardTime（公告发布时间）等字段；新闻信息表 News 存储新闻信息，包含 NewsID（新闻自动编号）、NewsTitle（新闻标题）、NewsContent（新闻内容）、NewsTime（新闻发布时间）、NewsAuthor（新闻作者）、NewsFrom（新闻来源）、NewsCount（新闻浏览次数）等字段；会员表 Member 存储管理员信息，包含 ID（自动编号）、UserName（会员用户名）、PassWord（会员密码）、Truename（会员真实姓名）、RegTime（会员注册时间）、UserLevel（会员等级）、UserStatus（会员状态）等字段。

连接数据库时必须确保 SQL Server 数据库服务器或者 MySQL 数据库服务器已经启动，数据库连接驱动程序放置在 Tomcat 服务器安装目录的 lib 文件夹中。

10.2.3 会员注册

用户可以注册成为网站会员，在注册信息提交至服务器之前，需要对注册信息的填写规范进行本地验证，避免将不规范的数据发送至服务器。注册的用户名可以通过 Ajax 方式提交至服务器，服务器获取用户注册的用户名可在会员信息表中进行查找。如果检测到该用户名已经存在，则将给出相应提示信息，否则将注册信息添加至会员信息表中。用户注册页的部分 JavaScript 代码如下：

```
<script language = "javascript">
 function CheckNameByAjax(){
```

```
      var str = encodeURI(encodeURI(UserReg.UserName.value));
      getMyHTML("checkUserName.jsp? UserName = " + str, "passport1");
   }
   function getMyHTML(serverPage, objID){
     var ajax = GetO();
     var obj = document.all[objID];
     //设置请求方法及目标,并且设置为异步提交
     ajax.open("post", serverPage, true);
     ajax.onreadystatechange = function(){
         if(ajax.readyState == 4 && ajax.status == 200){
           //ajax.responseText 是服务器的返回值
           obj.innerHTML = ajax.responseText;
         }
       }
       //发送请求
       ajax.send(null);
  }
  //创建 XMLHttpRequest 对象
  function GetO(){
      var ajax = false;
      try{ajax = new ActiveXObject("Msxml2.XMLHTTP");}
      catch(e){
          try{ajax = new ActiveXObject("Microsoft.XMLHTTP");}
          catch(E){ajax = false;}
      }
      if(! ajax && typeof XMLHttpRequest! ='undefined')
      {ajax = new XMLHttpRequest();}
      return ajax;
  }
  </script>
```

上面代码表明，当在会员用户名文本框输入用户名时，引起 onBlur 事件（光标失去焦点时发生的事件），该事件引起函数 CheckNameByAjax()的调用，函数 CheckNameByAjax()使用 XMLHttpRequest 对象，将用户输入的文本交给服务器端网页 checkUserName.jsp，该网页部分代码如下：

```
<%
response.setCharacterEncoding("UTF-8");
String UserName = "";
//检查用户名
```

```
try{
  UserName = request.getParameter("UserName").trim();
  UserName = java.net.URLDecoder.decode(UserName, "UTF-8");
    sql = "select userName from Member  where userName = '" + UserName + "'";
    rs = stmt.executeQuery(sql);
    if(rs.next()){
      out.print("用户名" + UserName + "已被占用");
    }
    else {
      out.print("用户名可用");
    }
}
catch(Exception e){
    out.print(request.getServletPath() + " error : " + e.getMessage());
}
%>
```

上面代码表明，该网页获取传递过来的用户名，并与数据库会员信息表 Member 现有的已注册用户名进行比对，如果已经存在该用户名，将会传递给用户信息“用户名已被占用”；如果不存在，将会传递给用户信息“用户名可用”。用户无需等待全部填写完毕提交后，才获得用户名是否可用的提示，这样会减少浏览器和服务器之间不必要的数据往返，节省用户时间，提高用户体验，效果如图 10-6 所示。

会员注册

注：带*为必须填

用户名： zhangsan *

用户名zhangsan已被占用，请重新输入！

真实姓名： *

图 10-6 用户注册提示

10.2.4 会员登录和退出

会员登录或者管理员登录时，会使用到验证码。目前应用较多的是文本验证码，将一串随机产生的数字或符号生成一幅图片，图片里加入一些防止光学字符识别的干扰像素，由用户肉眼识别其中的验证码信息，输入表单提交验证，验证成功后才能使用某项功能。

验证码用于区分用户是计算机还是人，为了安全性考虑，防止对网站的大量恶意注册、论坛灌水、垃圾信息回复及发布、暴力破解密码等，避免服务器遭受攻击。交互式验证码也是目前常用的验证码形态，通过让用户将滑块拖动到指定位置进行验证，这种新的交互方式可以同时解决网站安全和用户体验两端的矛盾。生成验证码图像的部分代码如下：

```
//验证码生成图像的方法
//sCode:传递验证码 w:图像宽度 h:图像高度
public BufferedImage CreateImage(String sCode)
{
  try{
    //字符的字体
    Font CodeFont = new Font("Arial Black",Font.PLAIN,16);
    int iLength = sCode.length();//得到验证码长度
    int width = 22 * iLength, height = 20;//图像宽度与高度
    int CharWidth = (int)(width-24)/iLength;//字符距左边宽度
    int CharHeight = 16;//字符距上边高度
    //在内存中创建图像
    BufferedImage image = new BufferedImage(width,height,
      BufferedImage.TYPE_INT_RGB);
    //获取图形上下文
    Graphics g = image.getGraphics();
    //生成随机类
    Random random = new Random();
    //设定背景色
    g.setColor(getRandColor(200,240));
    g.fillRect(0, 0, width, height);
    //设定字体
    g.setFont(CodeFont);
    //画随机颜色的边框
    g.setColor(getRandColor(10,50));
    g.drawRect(0,0,width-1,height-1);
    //随机产生155条干扰线,使图像中的认证码不易被其他程序探测到
    g.setColor(getRandColor(160,200));
    for(int i = 0;i < 155;i ++){
      int x = random.nextInt(width); int y = random.nextInt(height);
      int xl = random.nextInt(12); int yl = random.nextInt(12);
      g.drawLine(x,y,x + xl,y + yl);
    }
    for(int i = 0;i < iLength;i ++){
      String rand = sCode.substring(i,i +1);
      // 将验证码显示到图像中
      g.setColor(new Color(20 + random.nextInt(60),20 + random.nextInt(120),20 +
            random.nextInt(180)));
      g.drawString(rand,CharWidth* i +14,CharHeight);
```

```
        }
        //图像生效
        g.dispose();
        return image;
    }
    catch(Exception e){
        System.out.println(e.getMessage());
    }
    return null;
}
```

上面代码生成的验证码在用户浏览网页时显示出来，经过用户肉眼识别后，将验证码连同用户名和密码一起输入到表单提交系统验证，系统将 session 中保存的验证码与输入的验证码字符串比对是否一致，验证成功后登录成功，效果如图 10-7 所示。

图 10-7　验证码显示效果

会员退出时需要移除存储用户信息的 session 属性，然后将页面转到登录页即可，代码如下：

```
session.removeAttribute("UserName");
response.sendRedirect("Admin_login.jsp");
```

10.2.5　新闻编辑器使用

通常新闻信息内容比较丰富，包含文本、图片、表情符号等，为方便用户编辑文章或信息，在添加内容时会嵌入富文本编辑器，如 KindEditor 编辑器。编辑器文件如图 10-8 所示。

图 10-8　KindEditor 编辑器文件

将三个jar文件commons-fileupload. jar、commons-io. jar、json_simple. jar放在当前程序目录WEB-INF下的lib目录下，并重新启动Tomcat。添加新闻内容的网页addNews. jsp可以参照jsp文件夹下的demo. jsp，其中一部分代码负责HTML标签符号的转换，代码如下：

```
<%!
 private String htmlspecialchars(String str){
   str=str.replaceAll("&", "&amp;");
   str=str.replaceAll("<", "&lt;");
   str=str.replaceAll(">", "&gt;");
   str=str.replaceAll("\"", "&quot;");
   return str;
}
%>
```

下面代码控制编辑器外观的显示，并通过NewsContent将编辑器与textarea文本区控件发生关联。

```
<link rel="stylesheet" href="../themes/default/default.css" />
<link rel="stylesheet" href="../plugins/code/prettify.css" />
<script charset="utf-8" src="../kindeditor.js"></script>
<script charset="utf-8" src="../lang/zh_CN.js"></script>
<script charset="utf-8" src="../plugins/code/prettify.js"></script>
<script>
   KindEditor.ready(function(K){
   var editor1=K.create('textarea[name="NewsContent"]', {
       cssPath : '../plugins/code/prettify.css',
       uploadJson : '../jsp/upload_json.jsp',
       fileManagerJson : '../jsp/file_manager_json.jsp',
       allowFileManager : true,
       afterCreate : function(){
           var self=this;
           K.ctrl(document, 13, function(){
               self.sync();
               document.forms['example'].submit();
           });
           K.ctrl(self.edit.doc, 13, function(){
               self.sync();
               document.forms['example'].submit();
           });
       }
```

```
        });
        prettyPrint();
    });
</script>
<! --//部分内容省略-->
<textarea name="NewsContent" style="width:700px;height:300px;
visibility:hidden;">
</textarea>
<! --//部分内容省略-->
```

利用编辑器编辑信息内容的效果如图 10-9 所示。

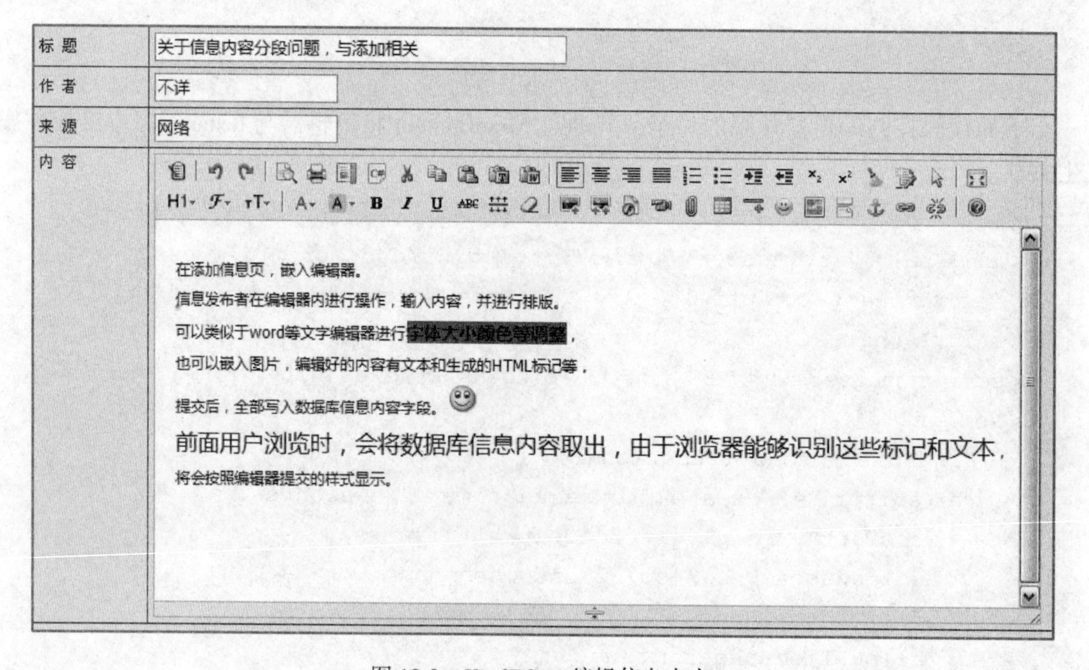

图 10-9 KindEditor 编辑信息内容

信息提交后写入数据库表中的内容如图 10-10 所示。

28 关于信息内容分段问题，与添加相关	</p>
	<p>
	   可以类似于word等文字编辑器进行<span style="background-color:#E53333;font-size:14px;"><strong>字体大小颜色等调整</strong></span>,
	</p>
	<p>
	   也可以嵌入图片，编辑好的内容有文本和生成的

图 10-10 News 数据表 NewsContent 存储内容

用户浏览信息内容的效果如图 10-11 所示。

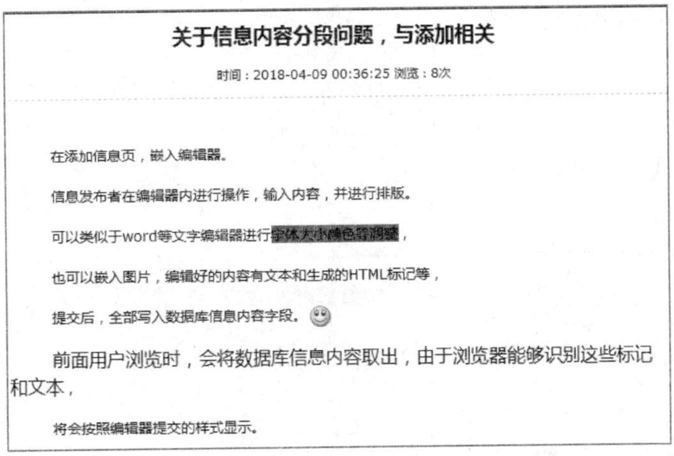

关于信息内容分段问题，与添加相关

时间：2018-04-09 00:36:25 浏览：8次

在添加信息页，嵌入编辑器。

信息发布者在编辑器内进行操作，输入内容，并进行排版。

可以类似于word等文字编辑器进行字体大小颜色等调整，

也可以嵌入图片，编辑好的内容有文本和生成的HTML标记等，

提交后，全部写入数据库信息内容字段。

前面用户浏览时，会将数据库信息内容取出，由于浏览器能够识别这些标记和文本，

将会按照编辑器提交的样式显示。

图 10-11　浏览信息内容

10.2.6　分页显示新闻

使用分页功能将新闻标题和时间等信息显示在网页上，利用 ResultSet 对象的 getRow( ) 方法获取 News 数据表总记录数 rowCount，设置（或者后台管理设定）每页 pageSize 显示 10 条新闻标题，分页后的总页数 pageCount 计算代码如下：

```
pageCount = (rowCount% pageSize = = 0)? rowCount/pageSize: rowCount/
pageSize +1;
```

currentPage 表示指定显示的分页页码。如果 currentPage 大于 pageCount，则令 currentPage 为最后一页；如果 currentPage 小于或等于 0，则令 currentPage 为第一页。部分代码如下：

```
intcurrentPage = Integer.parseInt(toPage); //取得指定显示的分页页数
if(currentPage > pageCount){
    currentPage = pageCount;
}
else if(currentPage < =0){
    currentPage =1;
}
//部分代码省略
if(currentPage >1){
    out.print("<a href ='? toPage =1'>首页</a>");
    out.print("<a href ='? toPage ="+(currentPage-1)+"'>上一页</a>");
}
else{
    out.print("首页");
    out.print("上一页");
}
if(currentPage < pageCount){
```

```
        out.print("<a href='?toPage="+(currentPage+1)+"'>下一页</a>
</li>");
        out.print("<a href='?toPage="+pageCount+"'>末页</a></li>");
    }
    else{
        out.print("下一页");
        out.print("末页");
    }
```

分页显示新闻标题列表的效果如图 10-12 所示。

图 10-12　分页显示新闻标题列表

10.2.7　新闻访问次数

统计某条新闻的访问次数，可以为数据表 News 设置访问次数字段 NewsCount，默认值为0。当浏览某条新闻时，需要将相应的 NewsCount 值累加，然后取出显示。部分代码如下：

```
String NewsID=request.getParameter("NewsID");
if(NewsID==null)  NewsID="1";
try{
  sql="update News set NewsCount=NewsCount+1 where NewsID="+
  Integer.parseInt(NewsID);
  stmt.executeUpdate(sql);
}
catch(SQLException e){
  out.print(e);
}
```

在新闻标题处添加链接，单击链接触发 onclick 事件函数，该函数传递新闻 ID 号和 URL 地址，用 js 通过 ajax 异步提交的方式也可以实现新闻点击量的累计。